哇！
面团·面糊教科书

（日）山崎正也 著
辻调集团 École辻东京 监修
王春梅 译

辽宁科学技术出版社
·沈阳·

目录 *Contents*

Part 1 从蛋开始做起的基本面糊 ……… *19*

法式蛋白霜 ……… *20*

蛋白 ＋ 砂糖

坚果蛋白霜脆饼面糊 ……… *34*

蛋白 ＋ 砂糖 ＋ 坚果粉

分蛋海绵蛋糕面糊　手指饼干 ……… *44*

蛋黄 ＋ 蛋白 ＋ 砂糖 ＋ 面粉

杰诺瓦士蛋糕面糊 ……… *60*

蛋 ＋ 砂糖 ＋ 面粉 ＋ 奶油

Part 2 结合蛋和黄油制作而成的面糊 ……… *75*

磅蛋糕面糊　磅蛋糕 ……… *76*

黄油 ＋ 砂糖 ＋ 蛋 ＋ 面粉

本书的规则
· 本书中使用的是边长27cm的正方形烤盘，配合烤盘的大小调整成容易制作的分量。
· 蛋是使用M尺寸的蛋。
· 事先将烤箱预热至指定的温度。
· 烘烤完成的时间仅供参考。请参考烤好的成品图片，观察烘烤的状态，调整烘烤时间。

前言

制作甜点时不可欠缺的面糊/面团，其主要的材料是蛋、砂糖、面粉、黄油。将这些材料打发起泡或是揉捏成团，再经过倒入模具、挤出、擀薄之后塑形、铺入模具等作业程序，做出各种形式和口感的甜点。有以面糊/面团为主角的甜点，也有将面糊/面团与奶油酱组合，成为甜点绝配，面糊/面团的美味程度与甜点的美味程度有直接的关系。

为了做出美味的面糊/面团，身为甜点师傅的我们，在制作面糊/面团时不会偷工减料。有时也许会有点麻烦，但是为了做出美味的面糊/面团，即使费时又费工，也请大家乐在其中，试着做做看。

刊载在本书中的面糊/面团的配方和做法，是以我们在学校里教授的基本面糊/面团为基础，考虑到一般家庭制作的分量，重新编写而成。

此外，本书最大的特色在于内容的配置，从以很少的材料制作面糊/面团开始介绍，然后在其中加入新的材料，制成另一种面糊或面团。像这样按部就班一步一步地试做看看，就能轻易看出材料所具有的特性和功用等。我认为，充分了解材料的特性和调配的用意，就能更换配方，或是进而追求更上乘的美味。

而且，针对甜点制作的新手，书中随处设有Q&A（常见问答），针对材料的特性或甜点制作的理论等相关疑问予以解答。如果大家能在享受制作甜点的面糊或面团的过程中，深入了解本书，学有所获，将是我最高兴的事。

请允许我借此机会，向担任本书制作的所有人员表示衷心感谢。此外，还要感谢在这次的拍摄工作中，从事前期准备到实际制作都给予协助的近藤敦志教授以及辻东京制果学校的职员，从材料的特性到甜点的制作给予正确建议的松田丽子老师和辻静雄料理教育研究所的小阪裕美（Hiromi）老师。

山崎正也

甜点的面糊 / 面团
主要是由 4 种材料制作而成。

制作面糊 / 面团时不可缺少的是蛋、砂糖、面粉、黄油。
蛋、面粉、黄油的风味和砂糖的甜味，是面糊 / 面团的重要元素。
这些材料互相结合，变身成不同形状的面糊 / 面团。

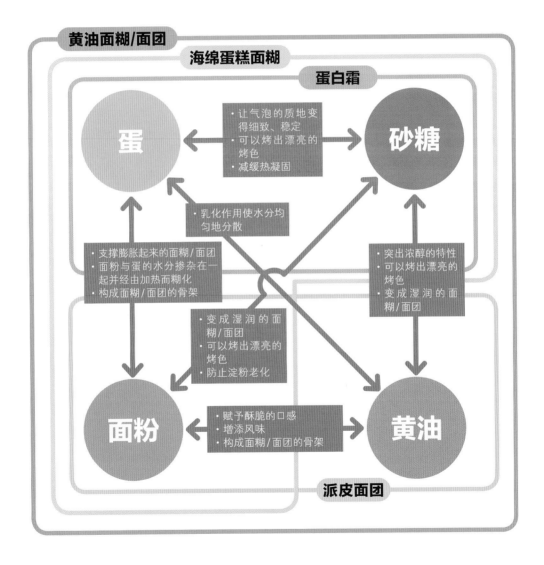

像这样，4 种材料互相发挥各自的特性并结合在一起，就能做出面糊 / 面团。
而且，混合的材料越多，可以做出的面糊 / 面团的种类就越多。
首先，请仔细阅读 4 种材料的特性和功用吧！

制作面糊/面团的材料

制作面糊/面团要使用各种不同的材料。事先了解主要材料的蛋、砂糖、面粉、黄油的特征非常重要。

蛋

蛋在制作面糊/面团时是不可欠缺的材料，具有热凝固性、起泡性和乳化性。

热凝固性

热凝固性主要是在蛋白霜、杰诺瓦士蛋糕、奶油蛋糕、泡芙皮等烘烤后构筑形状（主体）时的重要特性。蛋白在超过60℃时会呈半熟状态，超过80℃则会完全凝固。蛋黄在65℃左右开始凝固，在75~80℃时会完全凝固。如果添加其他材料，凝固的温度会有所变化。

起泡性

这是指搅拌之后含有空气、会起泡的性质。蛋会起泡，主要是借由蛋白的作用，将蛋白打发起泡，让蛋白含有空气，蛋白的蛋白质会集中在那里，连结在一起，像膜一样包围住制造出来的气泡。它在接触到空气时会硬化。蛋白的蛋白质会引起空气变性，气泡被蛋白质的膜包围之后会很安定，可以保持它的形状。

乳化性

这是指让原本不能混合在一起的油脂和水分维持均匀稳定状态的性质。这个性质是蛋黄中所含的卵磷脂造成的，像磅蛋糕面糊，即使在作为油脂的奶油中加入水分很多的蛋液搅拌也不会产生分离，就是这个缘故。

蛋的基础常识

蛋要回复室温之后再使用。

制作面糊/面团（甜点）的时候，基本上要用回复至室温的蛋。最好在制作面糊/面团的1小时（夏季时为30分钟）前，先从冷藏室里取出。

Q1 为什么打发蛋白的器具上不可以沾有油脂？

A 因为蛋白会不容易起泡。

油脂会阻碍蛋白的起泡。因此，盆和打蛋器要使用清洗得很干净，且已经干燥的器具。蛋黄中所含的脂质也是阻碍蛋白起泡的原因，所以打开蛋壳时，请留意不要让蛋黄混杂在蛋白里面。

Q2 要使用什么尺寸的蛋呢？

A 本书使用的是M尺寸的蛋。

蛋的大小是从S~L，而本书中使用的蛋是M尺寸的。M尺寸的蛋是带壳的重量在58g以上，不到64g。去除蛋壳之后，以全蛋的重量为50g、蛋黄20g、蛋白30g为标准。

砂糖

砂糖除了添加甜味的功用之外，还有能烤出湿润的质地、增添烤色、防止淀粉老化等作用。

烤出湿润的质地

砂糖具有吸水性和保水性。举例来说，在打发蛋白的时候加入砂糖，砂糖会吸收蛋白的水分，气泡会变得质地细致而稳定。在制作海绵蛋糕或奶油蛋糕等糕点的时候，烘烤时面糊中的水分会蒸发，但是借由这个功用，砂糖会保存住面糊中的水分，所以可以防止烤好时变得干燥，做出质地湿润的蛋糕。

增添烤色

面粉和蛋等材料中所含的蛋白质，与砂糖一起以150℃以上的高温加热后，会增添褐色的烤色，香味也会变得更好闻。这个称为梅纳（Maillard）反应。

防止淀粉的老化

糊化之后变得柔软的淀粉，经过一段时间或冷却后水分会消失，然后变硬。这个称为淀粉的老化，而加入砂糖之后，凭借着砂糖的保水性，可以将水分保持在稳定的状态。因此，可以防止淀粉的老化，抑制蛋糕体的状态劣化。

砂糖的基础常识

砂糖一般指细砂糖。

本书中所使用的砂糖，基本上是细砂糖。细砂糖是纯粹的蔗糖结晶，因为不易因湿气而结块，质地干松，容易计量，而且清淡的甜味也没有特殊的异味。在欧美地区一般都是使用细砂糖，如果提到砂糖的话，指的就是细砂糖。因此，西式甜点多半是使用细砂糖。

Q_1 使用上白糖也可以吗？

A 虽然可以使用上白糖，但要有效地使用。

上白糖在制造过程中加入了转化糖（上白糖黏糊的部分）。这个转化糖的吸湿性很高，所以如果想让甜点的质地湿润，可以使用上白糖。不过，转化糖很容易烤出烤色，还有吃了就会上瘾的甜味也是它的特色，所以在了解上白糖的性质之后，有效地使用它是非常重要的。

Q_2 在什么情况下要使用细砂糖以外的糖？

A 在考虑到容易溶解的程度等情况下。

依照食谱，有时要使用糖粉，但那是在制作磅蛋糕面糊的时候，考虑到容易溶解的程度等才会使用。一般的糖粉为了防止因湿气等原因产生结块，会含有少量的玉米粉等淀粉，所以在制作要严格考虑砂糖分量的面糊／面团或甜点的时候，使用纯糖粉比较好。

面粉

支撑膨胀起来的面糊/面团。

支撑面糊/面团的结构体是依照以下流程所制造出来的。首先，面粉中所含的淀粉吸收了蛋等材料的水分，经由加热之后产生糊化作用（淀粉与水一起加热时，吸收水分之后释出像糨糊一样的黏性），以具有黏性的状态膨胀起来。将面糊/面团烘烤之后，水分蒸发，制造出支撑面糊/面团的"墙壁"。

另一方面，由面粉中所含的蛋白质制造出具有黏性和弹性的面筋，以包围住淀粉粒的方式打造出立体的孔状结构，经过烘烤，水分蒸发之后形成坚固的"支柱"。以糊化所造成的"墙壁"和面筋所形成的"支柱"，支撑烤好之后的面糊/面团。

面粉的基础常识1

面粉在使用之前要先过筛。

面粉的结块无法在面糊中调匀，烘烤之后也会残留白色的痕迹，所以使用面粉之前一定要过筛，必须先让粉粒的大小一致。此外，将空气带入粉粒之间的空隙，就可以轻易拌入其他的材料，均匀地吸收水分。

面粉的基础常识2

手粉使用高筋面粉。

在将千层派皮面团（P.94）等折叠式面团或搓揉式面团擀薄，或是塑形的时候，为了避免面团紧粘在作业台上，要撒上手粉。这个手粉使用的是高筋面粉，因为以硬质小麦做成的高筋面粉比低筋面粉的颗粒粗，所以具有即使黏附在面团上也很容易清除的特色，因此适合作为手粉。

但是，因为手粉是分量外的粉，如果让撒上的粉就这样大量地黏附在面团上并直接进行作业的话，面团会变硬或是状态会改变，所以要用刷子清除多余的手粉。

Q_1 面筋是什么？

A 将水加入面粉之后，面粉释出的具有黏性和弹性的物质。

面粉中含有醇溶蛋白和麦壳蛋白这两种蛋白质。把水加进这里面的话，就会形成具有黏性和弹性的"面筋"，这个面筋会形成细小网孔的纤维，包含面糊／面团中的空气，面糊／面团就会膨胀起来。

面筋会随搭配组合的材料不同而受到影响。盐会收紧面筋，加强面糊／面团的筋性；醋会软化面筋，提升面糊／面团的延展性；黄油等油脂则具有阻碍面筋形成的作用。

Q_2 低筋面粉和高筋面粉的差别是什么？

A 根据原料和蛋白质含量的不同而有所分别。

①低筋面粉
原料是蛋白质含量较少的软质小麦。颗粒细小，因为蛋白质的含量少，不易形成面筋，所形成的面筋其性质也较弱，所以不太能产生黏性和弹性。

②高筋面粉
原料是蛋白质含量较多的硬质小麦。颗粒比低筋面粉粗大，呈干松的状态。因为蛋白质的含量较多，容易形成面筋，能够形成很多网孔构造，所以弹性强、延展性佳。

Q_3 低筋面粉和高筋面粉如何使用？

A 根据面筋的性质适当使用。

低筋面粉的面筋性质弱，所以主要用来制作海绵蛋糕面糊、甜挞皮面团（P.134）和泡芙皮面糊（P.150）等不太需要面筋的黏性和弹性的面糊／面团。高筋面粉做成的面团烤好之后会变得硬而扎实，所以多用来制作千层派皮面团（P.94）等。

低筋面粉和高筋面粉的差异

	低筋面粉	高筋面粉
原料小麦的种类	软质小麦	硬质小麦
面筋的量	少	多
颗粒	小	大

依照面糊／面团的不同，将别的材料加入面粉中可以增添风味和香气，或是让口感产生变化。在本书中使用了如下所列出的粉类：

玉米粉
以玉米做成的粉末状淀粉。颗粒非常细小且大小一致。即使温度降低也能保持黏度，所以常用来制作卡仕达酱等。用来代替面粉使用时，可以抑制面糊的黏性，做出口感轻盈的成品。

生杏仁膏
将生杏仁和砂糖混合之后做成的膏状物。主要是拌入面糊中，加热后使用。加热过的生杏仁膏称为杏仁膏（marzipan），可用于捏塑动物、人物等造型，或是作为蛋糕类的披覆糖衣。

杏仁粉
以杏仁制成的粉末。加入面糊／面团中可以增添杏仁风味和浓醇的味道，烤出酥脆的成品。

榛果粉
以榛果制成的粉末。榛果以独特的甜香气味为特征，烤过之后香气会更加浓郁。

坚果类含有很多脂质，很容易氧化，所以请尽早使用完毕。保存时请密封起来，放在冷冻室里保存。

黄油

黄油具有乳霜性、酥脆性、可塑性这3种性质。

乳霜性

这是指在搅拌黄油的时候，黄油具有包住空气的性质。磅蛋糕面糊（P.76）就是利用这个特性制成的，将黄油和砂糖充分搅拌后会产生气泡，气泡在烤箱中烘烤时会膨胀，面糊就膨胀起来了。黄油含有空气的时候会变成白色。

酥脆性

这是指黄油在面粉中搅拌时会张开呈薄膜状态，阻碍面筋的形成，赋予酥脆口感的性质。拌入黄油的挞皮面团会变成酥脆的口感，就是利用这个性质的缘故。

可塑性

这是指施加力道的时候可以任意改变形状的性质。千层派皮面团（P.94）就是利用这种可塑性，将黄油折入面团中而制成。黄油的可塑性展现在13~18℃的范围内。

黄油的基础常识1

一般都是使用无盐黄油。

本书使用的是无盐黄油。因为有盐黄油含有1%~2%的盐分，将这个分量算进来的话就无法计量盐分了。在制作面糊/面团的时候，最好使用无盐黄油。

黄油的基础常识2

黄油回复至室温之后再使用。

将黄油与面糊混合的时候，冰冷的黄油无法拌入面糊之中，所以要在进行作业之前事先从冷藏室取出黄油，提高黄油的温度，软化备用。要是没有时间的话，将黄油切成薄片，摊放在长方形浅盘中就能尽快回复至室温。不过，一旦黄油熔化，就会失去黄油的特性，所以如果要加热使之软化的话，务必要留意。

Q_1 回复至室温的黄油，判定硬度的标准是什么？

A 大约是用手指按压，形状会改变的程度。

黄油的硬度会随着要制作的品种不同而有所不同，需要具有可塑性（折叠式面团）时，标准是以手指按压黄油块，稍微用力就会改变形状这样的硬度（P.11）。即使不用力，手指也能够插进去，则是变成乳霜状的硬度标准（如图）。

太过柔软。即使不怎么用力，手指也能插入。把这个搅拌下去会成为乳霜状。

黄油的基础常识3

配合要做的面糊/面团，黄油准备的方式会有所不同。

硬的黄油，用来制作与粉类混合之后变得很细碎的面团。回复至室温、具有可塑性的黄油（a）和搅拌成乳霜状的黄油（b），很容易与其他的材料混合，所以用来制作磅蛋糕面糊（P.76）、甜挞皮面团（P.134）等，将黄油和砂糖研磨搅拌之后加入液体（蛋）的面糊/面团。熔化的黄油（c）和焦香黄油（d）等液状的黄油，则多半是在制作面糊/面团的最后部分加进去搅拌均匀。

a. 具有可塑性的黄油 　　 b. 乳霜状的黄油

c. 熔化的黄油 　　 d. 焦香黄油

●制作面糊／面团的其他材料

在此要介绍的是除了主要的材料以外，在制作面糊/面团时经常使用的材料。请了解这些材料的特色和功用，有效地运用吧！

淡奶油

从牛奶中分离、提炼出的乳脂肪成分，乳脂肪含量在18％以上的称为淡奶油。要打发起泡的话，需要35％的脂肪含量（本书使用的是38％、42％、47％）。发泡淡奶油和植物性奶油因为在乳固形物中加了植物油脂和添加物，所以与淡奶油有着不一样的特色。

泡打粉

在以面粉制作的面糊/面团和甜点中所使用的膨胀剂。以小苏打粉为主要成分，添加了酸性剂和玉米粉等制作而成。加热或与酸性液体混合时会产生气体，这个气体会让面糊/面团膨胀起来。对于水分和热力非常容易引起反应，所以不适合需长时间静置的面团。此外，保存的时候应避免湿气。

牛奶

一般所谓的牛奶，指的是生乳中没有任何添加物，只经过加热杀菌的牛奶（非脂肪乳固形物8％以上，乳脂肪含量3％以上）。有乳脂肪含量经过调整的牛奶、以脱脂奶粉或黄油等制造而成的加工牛奶、低温杀菌牛奶等，而本书使用的是成分未经调整的牛奶。

盐

在派皮面团等加盐的目的之一是，以适度的咸味提升派的味道。另一个目的是为了做出紧实的面团，因为盐具有强化面筋的黏性和弹性的功能，所以延展性会变得更好，面团也会更有弹性。

制作面糊 / 面团的器具

制作面糊 / 面团时需要各种器具。虽是以本书所使用的器具为中心来介绍，但是不需将全部的器具准备齐全。请根据情况准备好必要的器具吧！

●烘烤器具

烤箱

种类繁多，有可以设定300℃以上高温的烤箱、有附有蒸汽调理或发酵功能的烤箱等，市面上有各家厂商出售的各种机型。最重要的是，预热时温度要确实上升，烘烤的过程中不要随便打开烤箱门。

烤盘

本书使用的是边长27cm的正方形烤盘。虽然也可用烤箱附赠的烤盘代替，但像将纸铺在烤盘中烤成薄片状的海绵蛋糕面糊等，烘烤的面积不一样的话，有时候配方比例也需要跟着调整。

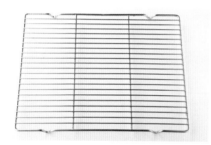

网架

为了让烤好的蛋糕体冷却而放置在上面的网架。蛋糕体从烤箱中取出之后，取下模具或烤盘，然后移至网架上冷却。

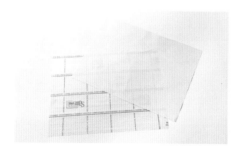

烘焙纸

铺在模具或烤盘里的时候，糖分多的面糊 / 面团等很难将纸剥离，所以最好使用烘焙纸。挤出面糊的时候，画上作为标准的参考线的纸，要使用空白的纸张。这张纸一定要在烘焙前拿掉。一旦事先做好之后，就可以重复使用。

棉纱手套

烘焙完成之后端取热烤盘，或是将蛋糕体脱模的时候，一定要戴上棉纱手套（或隔热手套）。将2个棉纱手套重叠使用就能安全地进行作业。

●搅拌器具

打蛋器

用于拌匀粉类、液体或蛋等材料。有不锈钢制和矽胶制等不同的材质，尺寸也有很多种，请挑选容易使用的打蛋器。挑选的标准是选择盆的直径和打蛋器的长度大致相等的打蛋器。

手持式电动搅拌器

与打蛋器一样，是在搅拌材料的时候使用。因为可以改变速度，从低速到高速，所以请视不同的面糊灵活运用。

橡皮刮刀

在不想压碎面糊的气泡、想要迅速混拌时使用，可以用切拌的方式混拌。此外，刮除盆中剩余的材料时也会使用。矽胶制握柄一体成型的产品比较卫生。而且矽胶制的刮刀耐热性高，加热调理时也能使用。

刮板

用于刮掉粘黏在作业台或手上的面团、切开面团或黄油、刮除盆中的面团或奶油酱之类的作业。

盆

从可以放入全部材料搅拌的大型盆，到可以装入计量好的材料备用的小型盆，最好事先备齐多个直径10~30cm的盆。准备材质是不锈钢的盆，或可以微波加热的盆。

食物调理机

用于将粉类和黄油混合。制作面团的时候，可以比用手揉捏还要快速地将粉类和黄油混合在一起。手的热度也不会传导到面团上，所以黄油不容易熔化，可以做出品质更好的面团。

●擀薄器具

擀面杖

用于将面团擀薄或将黄油敲软。有各种不同的粗细和长度，请配合用途选择容易使用的擀面杖。

●挤花器具

挤花袋

前端装上挤花嘴，填入面糊之后可挤出面糊的圆锥形袋子。有化学纤维制造的可重复使用的挤花袋，以及一次性挤花袋。挤花嘴也有圆形和星形等形状、大小各异的种类，请备齐自己所需的器具。

●抹平器具

抹刀

用来抹平面糊的表面。轻轻握住，将食指贴着金属的部分握好，像是从面团上面滑过一样抹平。要将模具中的面糊推平时，如果有弯角抹刀（如图）会更方便。

●模具

蛋糕模具

圆形的模具，本书使用的是直径15cm的模具。

磅蛋糕模具

长方形有深度的烘烤模具，主要使用于烘烤磅蛋糕的时候。本书使用的是长20cm、宽7.5cm、高7.5cm的磅蛋糕模具。

挞模

在本书中，使用的是直径18cm、高2cm的白铁挞圈。这种挞圈没有底部，直接放在烤盘上烘烤，烤好的时候以铲子将挞稍微往上抬起，也很容易确认烤色。其他还有侧面有沟槽和有底部的类型，也有四方形和花形等不同形状的模具。

●过筛器具

面粉筛

用于将粉类过筛的时候。在开始制作面糊之前，事先将面粉等材料放入面粉筛或网筛中，过筛备用。

滤筛

用于将糖粉等筛撒在蛋糕体上。将少量的糖粉放入其中，一边用手轻敲，一边均匀地筛撒在整个蛋糕体上。除了小滤筛（如图）外，还有粗孔的类型，可依据不同的用途分别使用。

●计量器具

电子秤

用于材料的计量。因为制作面糊／面团时，正确的计量是必备的要件，所以建议选用可以计量到0.1g的电子秤。至少也要准备可以以1g为单位计量的电子秤。

温度计

用于测量水温和面糊温度。有玻璃制和不锈钢制等各种不同的温度计，请选择容易使用的温度计。

●其他

小锅

用于制作泡芙皮面糊，或是将热水煮滚之后用来隔水加热。最好能备有小型的单柄锅。

刀子

用于在面团上划入刀痕，或是用于将烤好的成品多出来的部分切除。

制作面糊 / 面团的基本流程

关于面糊/面团的制作、妥善进行的流程，在此予以说明。关于甜点的制作也纳入基本流程中。

材料的预先准备

●粉类先过筛备用

面粉以及其他的粉类要事先过筛备用。已经过筛的粉类如果残留在纸上或作业台上，分量会变得不同而影响到甜点的完成，所以要丝毫不剩地使用。

●蛋、黄油回复至室温备用

刚从冷藏室中取出的黄油和蛋是冰冷的，很难与其他材料混拌均匀，所以要事先回复至室温备用。

模具的预先准备

●蛋糕模具（圆形）

1 将烘焙纸裁切出适合模具底部的大小1张，高4.5cm、长50~55cm的带状1张。

2 将带状的烘焙纸放入模具侧面，再放入底面的部分。

●蛋糕模具（磅蛋糕模具）

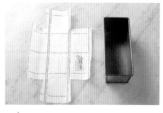

1 将烘焙纸裁切得比模具稍大一点。把模具摆放在纸上，依照底部的大小描线，或是折出折线。侧面要裁切得比高度再稍大一点。

2 以刷子在模具的内侧涂上软化的黄油，这样可以防止烘焙纸浮起来。

3 将裁切好的烘焙纸铺进模具内侧，重叠的部分要折进去。

搅拌材料

●研磨搅拌

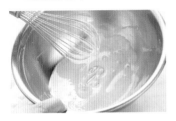

将砂糖加入蛋黄时，因为要充分地搅拌，所以要将打蛋器以搓磨盆的方式搅拌。蛋黄的颜色变白时，就表示已经搅拌均匀了。

●大幅度翻拌

将其他的面糊拌入蛋白霜时，因为要避免压碎面糊的气泡，所以要将橡皮刮刀从盆的底部插入，然后大幅度地翻动。为了尽可能不破坏面糊，请以切拌的方式混拌。

●清理橡皮刮刀

加入粉类搅拌的时候，面糊会黏附在橡皮刮刀上。所以搅拌至某个程度的时候，请将橡皮刮刀在盆的边缘刮干净，与盆中的材料搅拌均匀。

擀面团

擀面团的时候要一边撒手粉一边擀开。使用擀面杖的时候，重心要放在面团正上方。
如果重心倾斜，施加在面团上的力量就会变得不平均，擀出来的面皮容易变形。

●撒手粉

一定要一边在作业台和面团的表面撒手粉，一边进行作业。手中取适量的高筋面粉，薄薄地撒在作业台上，放上面团之后，从面团的上方也薄薄地撒上高筋面粉。

●擀成圆形

1 将圆形面团一边转动，一边以擀面杖轻轻敲打，打成圆盘状。

2 将面团一点一点地转动，同时将擀面杖前后滚动，将面团擀平。

●擀成四方形

1 将做成四方形之后静置过的面团以擀面杖轻轻敲打，调整硬度。

2 一边将擀面杖前后滚动，一边一点一点地擀成四方形。中途旋转90°，再以同样的方式擀平。

挤花袋的使用方法

将面糊放入挤花袋中，为了避免空气进入，将面糊集中在前端，呈饱满紧绷的状态。面糊很软的话，要将挤花袋套在杯子等器具中固定之后，再将面糊倒入。

1 将挤花袋前端剪掉，放入挤花嘴，露出1/3左右。并将挤花嘴上部的挤花袋扭转2~3次，然后压入挤花嘴里面。 **Q**

2 将挤花袋上面的部分翻折下来后，再将手套入翻折下来的部分，以拇指和食指像握住杯子一样拿着挤花袋。

3 以刮板将面糊或奶油酱填入挤花袋中。

4 如图，以刮板将面糊或奶油酱往挤花嘴的方向推出去。

5 将接近装入面糊部分的上方扭紧，挤花嘴朝上。

6 把挤花袋扭转后压入挤花嘴的部分拉出来。

7 继续扭转挤花袋，让挤花袋保持饱满紧绷的状态，同时让内容物从挤花嘴的前端冒出来，就可以挤出面糊了。

Q 为什么要扭转挤花袋，然后压入挤花嘴里面呢？

A 如此一来，挤花嘴就能够装入挤花袋中，而压进去的挤花袋会在挤花嘴里面形成简易的塞子，可以防止装入的面糊或奶油酱流出来。有时会遇到像费南雪等面糊流动不顺畅的情形，就要用夹子等堵住。

挤出面糊、将面糊倒入模具中

●将面糊挤出呈圆形

握紧挤花袋，垂直挤出面糊，一边让面糊流出来，一边从中心以画圆的方式挤成圆形。

●将面糊挤出呈细长条

将挤花袋放平，在烤盘上挤出面糊。

●倒入模具中

将面糊倒入模具中，残留在盆中的面糊用橡皮刮刀刮入模具中。最好一次刮下来，否则会破坏面糊，请特别留意。

Part 1

从蛋开始做起的基本面糊

首先，从把蛋和砂糖这两种材料混合打发而成的蛋白霜开始
做起。接着为大家介绍，将其他材料加入蛋白霜中制作而成
的基本面糊，以及如图用这种面糊变化而成的面糊和甜点。

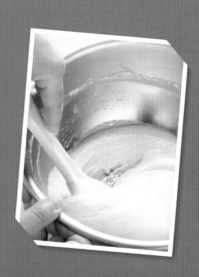

法式蛋白霜

蛋白 ＋ 砂糖

Meringue française

一边将砂糖加入蛋白中一边打发而成的东西称为"法式蛋白霜"。蛋白的水分被砂糖吸收，产生黏性之后气泡变得很细致，状态稳定。与海绵蛋糕面糊混合后，可以做出轻盈的口感或是膨胀饱满的感觉。只以法式蛋白霜烘烤而成的甜点也称为蛋白霜脆饼（meringue）（如图），在低温的烤箱中烘烤至中间也完全干燥为止。

材料（3cm×5cm的成品30个）

〈法式蛋白霜〉

蛋白	60g	共计
细砂糖	30g	180g
细砂糖	90g	

器具

纸、烤盘、烘焙纸、盆、手持式电动搅拌器、橡皮刮刀、挤花袋、圆形挤花嘴（直径11mm）、烤箱

预先准备

·将蛋白回复至室温备用。

※蛋白变成常温时会降低黏性，比较容易打发起泡，形成体积较大的气泡。

·在与烤盘相同大小的纸上，距上下两侧留下少许空白，然后以5cm和1.5cm的间隔画横线。左边留下少许空白，然后以3cm和1.5cm的间隔画直线，画出3cm×5cm的四方形，作为挤出蛋白霜时的参考线。铺在烤盘上，再将烘焙纸放在上面。

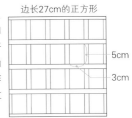

边长27cm的正方形

5cm

3cm

1 将细砂糖加入蛋白中打发起泡

将蛋白放入没有油渍的干净盆中，用手持式电动搅拌器以打散的方式搅拌后再打发起泡。

Q1

※蛋白是由稠状、黏性强韧的浓厚蛋白和稀薄的水样蛋白组成的，因此先将全体打散，变得均匀之后再打发起泡。

Q1 打发蛋白的时候为什么有油脂就无法打发？

A 因为油脂会阻碍蛋白的发泡。因此，盆和打蛋器要清洗干净，避免有油脂残留，待干燥之后再使用。此外，蛋黄中所含的脂质也是阻碍蛋白发泡的原因，所以打开蛋壳的时候，小心不要让蛋黄掺杂在蛋白里面。

打发至全体变成气泡，体积稍微增大一点。将手持式电动搅拌器拿起时，蛋白霜的尖角会无法保持形状地往下垂。

Q2

※变得蓬松，但是气泡还是很粗大。

Q2 为什么一开始只打发蛋白？

A 一开始只打发蛋白，是为了让空气变性（➡P.6）的作用发挥到极致，打出蓬松的蛋白霜。一旦加入砂糖后，砂糖会抑制空气变性，就会变得不易打发起泡。

加入细砂糖（30g）的1/2的量。**Q3**

Q3 相对于制作蛋白霜时的蛋白，砂糖的量大约要使用多少才算适量？

A 相对于蛋白，砂糖的分量越多就越难打发起泡，但是气泡的状态很稳定。根据不同的用途会变更相对于蛋白的砂糖分量，但是以手打发起泡的时候，砂糖的分量加到与蛋白相同才是适量。

打发至气泡的质地变得细腻，体积增大。原本粗大的气泡变细，打发的情况很明显。**Q4**

Q4 为什么要在蛋白中加入砂糖？

A 因为在蛋白中加入细砂糖等砂糖的话，砂糖会吸收蛋白的水分，气泡的薄膜变得不易破裂，所以蛋白霜的气泡很稳定。相反，砂糖具有抑制蛋白质的空气变性（→P.6）的性质，所以不易打发起泡，空气的纳入受到限制，打出来的气泡变得质地细致。

加入剩余量的1/2（15g）的细砂糖，然后继续打发。**Q5 Q6**

Q5 可以使用细砂糖以外的砂糖吗？

A 虽然也可以使用细砂糖以外的砂糖，但是上白糖含有吸湿性佳的转化糖，所以请避免在需要烤得很干燥的时候使用。此外，糖粉的颗粒细小，打发时必须多费点儿心，避免糖粉四处飞散。

打发至将手持式电动搅拌器拿起来时，有尖角挺立。这就是法式蛋白霜。

Q6 为什么细砂糖要分成2次加入？

A 一开始为了让已经打发的蛋白的气泡稳定，将30g的细砂糖分成2次加入。如果一口气加入大量的砂糖会不易打发起泡，所以每次加入1/2量的砂糖，一边保持具有空气变性的程度，一边利用砂糖的作用让气泡的膜稳定，做出含有大量空气的蓬松蛋白霜。

加入细砂糖（90g），以橡皮刮刀大幅度翻拌。**Q7**

※因为以手持式电动搅拌器搅拌会弄碎气泡，烤出来的蛋白霜气孔很密实，所以这里改用橡皮刮刀混拌。

Q7 为什么要再加入细砂糖呢？

A 这次为了用低温的烤箱烘烤蛋白霜，制作出干燥的蛋白霜饼干，在最后又加入了细砂糖。这么一来，不但能保持气泡的蓬松感，同时口感也会变得酥脆。

将橡皮刮刀扫过盆的底部，朝盆的边缘移动，以往上舀起蛋白霜的方式大幅度地翻动。将砂糖拌匀即可，如果混拌过度的话，蛋白霜会变软，请留意。

※变软的蛋白霜即使填入挤花袋里挤出来，也会黏糊糊地流出来。

2 挤在烤盘上，烘烤

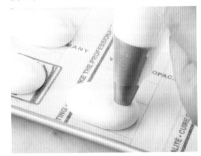

填入装有直径11mm圆形挤花嘴的挤花袋中，在烘焙纸上挤成3cm×5cm的椭圆形。保持高度和宽度，往自己的方向挤出后，不要出力，将挤花嘴斜斜地往上移动，切断蛋白霜。以100℃的烤箱烘烤大约120分钟。**Q8**

※画有参考线的纸要在烤盘放入烤箱之前拿开。

要点 Point

在烘烤的过程中要将烤箱门打开一下，然后立刻关上，让水蒸气飘散出来。**Q9**

※大约是在开始烘烤的40分钟和70分钟后。

取出1个蛋白霜脆饼，放凉之后剥开，确认烘烤的状况。如果表面很硬，啪一声就剥开，而且中间很干燥的话就可以了。如果烘烤不足的话，剥开时会软软地碎成碎片，因为中间含有水分，所以要再烘烤15分钟左右，然后观察烘烤的状况。**Q10**

Q8 提高烘烤温度，在短时间内烘烤完成也可以吗？

A 以高温烘烤的话，蛋白霜会一口气膨胀起来，中心部分没有完全烤干，冷却之后，原先膨胀的部分会塌下去（因为内层还是残留水分的状态，所以饼体很软，无法支撑膨胀起来的饼体）。由此可知，烘烤温度必须在低温到中温的温度区间，一边变干一边慢慢烘烤（烤干）。以80~100℃长时间烤干的话，就不会烤出烤色，所以适合想保有蛋白霜的原色，或是不想让蛋白霜膨胀过度的时候。

Q9 为什么要让水蒸气飘散出来？

A 如果想让蛋白霜烤干，一旦烤箱里充满了水蒸气，就无法顺利完成。因为家庭用烤箱的水蒸气散不掉，所以必须加入这个程序，但是依照机型的不同，有的烤箱不需要进行这个步骤，所以请观察烘烤的状况自行判断。

Q10 为什么烤出来的成品，内层不酥脆，呈现黏糊糊的状态？

A 原因是烘烤不足。蛋白霜脆饼的面糊是蛋白的水分和砂糖混匀而成的糖浆。这个糖浆在烘烤的过程中水分会蒸发，烤干水分的话即使在常温中也会变成硬脆的状态。因此，如果烘烤不足，会以水分的状态残留在蛋白霜脆饼里面。

使用法式蛋白霜制作的甜点

焦糖香缇鲜奶油蛋白霜脆饼

充分烘烤至蛋白霜里所含的砂糖焦糖化为止，中间夹入大量的焦糖香缇鲜奶油。
因为蛋白霜脆饼的甜味强烈，所以降低香缇鲜奶油的甜度，让味道均衡。

Meringue chantilly au caramel

24

材料（3cm×5cm的成品10个）

法式蛋白霜（➔P.20）⋯⋯⋯⋯⋯⋯⋯⋯ 20个
杏仁片 ⋯⋯⋯⋯⋯⋯⋯⋯⋯⋯⋯⋯⋯⋯ 适量
糖粉 ⋯⋯⋯⋯⋯⋯⋯⋯⋯⋯⋯⋯⋯⋯⋯ 适量
焦糖香缇鲜奶油（➔P.163）⋯⋯⋯⋯⋯ 340g

做法

1 以与P.21~23的*1*同样的做法制作法式蛋白霜，挤成3cm×5cm的椭圆形之后，摆放杏仁片（a）。

2 均匀地撒满糖粉（b）。

3 以120℃的烤箱烘烤大约90分钟（c）。
Q1

4 将焦糖香缇鲜奶油填入装有直径11mm星形挤花嘴（8齿）的挤花袋中，然后在两片蛋白霜脆饼之间挤得满满的。

a

b

c

Q1 为什么烘烤温度比基本的蛋白霜脆饼还要高？

A 蛋白霜脆饼通常为了不太想要烤上色，而以80~100℃的温度区间烤干。但是，如果像这款甜点一样，中间夹入甜味奶油霜时，把内层烤到焦糖化，添加苦味之后味道会变得更均衡，所以才将烘烤温度稍微调高。比一般的蛋白霜脆饼膨胀得更大，因此烤出来的口感更酥脆轻盈，而且只是淡淡的烤色。

马卡龙面糊

Pâte à macaron

将杏仁粉和色素加入法式蛋白霜中制作而成的"马卡龙面糊"。蛋白霜和粉类的混合方式很重要，搅拌至面糊呈现少许光泽的程度。烤好的马卡龙，表面没有裂痕，侧面出现皱褶状的"裙边"（➡P.29 **05**），就表示烘烤顺利完成了。面糊的颜色是使用食用色素染色，可以享受到各种色彩变化的乐趣，口味视夹入的奶油霜而定。

马卡龙

Macaron

材料（直径4cm的成品36片〈18个〉）

〈马卡龙面糊〉

蛋白霜	蛋白	50g	
	细砂糖	25g	共计 225g
杏仁粉		60g	
糖粉		90g	

食用色素（绿）…… 少量

〈开心果奶油霜〉

奶油霜（➡P.166）……… 50g
开心果酱（无糖）……… 25g

预先准备
将直径4cm的压膜或圈模放在与烤盘相同大小的纸上，画出圆圈，然后在圆圈里面以同样的方式画出直径3cm的圆圈。铺在烤盘上，再将烘焙纸放在上面。

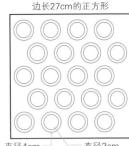

边长27cm的正方形

直径4cm　　直径3cm

1 混合粉类

将杏仁粉和糖粉混合均匀，过筛。**Q1**

Q1 为什么要使用糖粉？

A 因为拌入蛋白霜中的时候可以迅速溶化。

2 将细砂糖加入蛋白中打发起泡

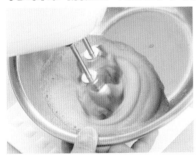

将蛋白、绿色食用色素放入没有油渍的干净盆中，用手持式电动搅拌器以打散的方式搅拌后再打发起泡。

打发至全体变成气泡，体积稍微增大之后，将细砂糖分成3次加入，充分打发至体积完全变大为止。
Q2

Q2 为什么将细砂糖加入蛋白中的次数不是2次，而是3次呢？

A 由于砂糖具有阻止蛋白发泡的性质，因此应少量多次加入，将体积打发至完全变大。

3 将粉类加入2中搅拌

将1加入2中，以橡皮刮刀将粉类和蛋白霜混拌均匀。

看不见粉类之后，摩擦盆的边缘，以压碎气泡的方式搅拌（马卡龙手法）。

Q3

要点 *Point*

压碎太多气泡也不太好，所以要舀起面糊。舀起的面糊落下时，如果呈现缓慢散开来的样子就可以了。面糊的硬度是黏糊糊的、有点流动的状态。

Q3 为什么要运用马卡龙手法？

A 运用马卡龙手法，将好不容易打发的气泡压碎，原因是如果气泡太多，会过度膨胀。而且，有气泡的话，表面不会出现光泽，所以也是为了让表面形成薄膜的缘故。

4 挤在烤盘上

填入装有直径9mm圆形挤花嘴的挤花袋中，接着在烘焙纸上挤出直径3cm的面糊。

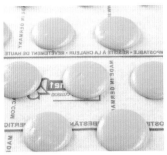

从距离作业台约20cm高的地方，让烤盘掉落下来。浑圆隆起的面糊会因为掉落在作业台上而自然地摊平，变成与直径4cm的外侧圆圈相同的大小。

※画有参考线的纸要在烤盘放入烤箱之前拿开。

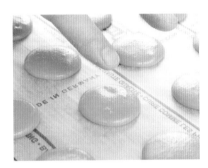

静置20~30分钟，试着摸摸看表面，要晾干到面糊不会粘黏在手指上的程度。**04**

※触摸到的地方有点凹陷下去。

Q4 为什么挤出来的马卡龙面糊要晾干？

A 为了借由晾干，让水分蒸发的缘故。一旦水分蒸发，面糊的表面就会形成薄膜，变成这种状态之后再送进烤箱，一开始表面的膜就会完成，变成非常有特色的马卡龙外形。

5 烘烤

以150℃的烤箱烘烤大约12分钟，烤好之后连同烤盘一起放在网架上冷却。

※烘烤完成的标准是，充分烤出了牢固的裙边（参照下图）的部分。

Q5 马卡龙的"裙边"是什么？

A "裙边"的法文pied是指"脚"的意思。因为马卡龙面糊的糖分多，挤出来之后静置一段时间黏度就会升高，送入烤箱烘烤时，表面因糖化作用而形成薄膜。烘烤时，面糊会膨胀起来，但因为有一层薄膜，水蒸气无法散发出去。另一方面，面糊里没有加入面粉，所以没有面筋的支撑。于是，里面的面糊从接触烤盘的部分冒出来，直接受热，烤硬成像皱褶的样子，这就是"裙边"。

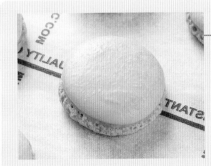

要点 Point

顺利烘烤完成的话，侧面部分就会形成像皱褶一样的东西（裙边）。

Q5

马卡龙的完成

❶制作开心果奶油霜。将开心果酱加入奶油霜中搅拌均匀。

❷将①填入装有直径9mm圆形挤花嘴的挤花袋中，挤在一片马卡龙上，再叠上另一片马卡龙。

※也可以用果酱或巧克力甘纳许代替奶油霜当作夹馅。

Q6 P.26白色马卡龙的做法为何?

A 图片中的白色马卡龙是制作时没有在面糊中添加食用色素烘烤而成的。奶油霜的部分，则是在奶油霜（➡P.166，50g）中加入荔枝果泥（20g）搅拌之后成为夹馅。

专栏 *Column*

**以巴黎甜点师傅的创意
创造出来的马卡龙**

马卡龙是意大利佛罗伦斯梅迪奇家族的千金凯隆琳·德·梅迪奇（catherine de medicis）嫁给法国的亨利二世时，从意大利传入法国的。这个具有代表性的马卡龙是法国洛林地区被称为"南锡马卡龙（macaron de nancy）"的甜点。据说由修女构思出来的这款甜点，是只将蛋白、砂糖和杏仁粉混合之后烘烤而成，特色是表面有裂痕，时至今日仍以洛林地区的知名甜点而闻名于世。据说巴黎的甜点师傅为这款甜点增添了一些变化，改成将蛋白和砂糖打发做成蛋白霜，制作出一般人所熟知的、口感松软的马卡龙。这款马卡龙称为"松软的马卡龙（macaron mou）"或是"巴黎风味马卡龙（macaron parisien）"，据说是位于巴黎的甜点店"拉杜蕾（ladurée）"的经营者，将两片马卡龙中间夹入奶油霜或果酱开始出售的。

另一种制法的蛋白霜

瑞士蛋白霜

Meringue suisse

相对于将砂糖分成数次加入蛋白中的蛋白霜，一开始就加入许多砂糖一起打发的是"瑞士蛋白霜"。质地细致，具有光泽，黏性也很强。烤出来的成品口感又硬又脆，外形也不会崩散。这里要介绍的是将椰子粉（➡P.32 **01**）加入瑞士蛋白霜中，烤到干燥的"椰子球"。

椰子球

Rochers noix de coco

材料（直径3cm的成品35个）

〈椰子球〉

瑞士蛋白霜

蛋白	60g	
细砂糖	120g	共计 246g

椰子粉 **Q1** 66g

预先准备

将烘焙纸铺在烤盘上。

Q1 椰子粉是什么？

A 椰子粉是将椰子的果肉磨碎成粗粒的粉末，再经干燥而制成。有的商品是以法文名称"noix de coco râpée"出售。

1 将细砂糖加入蛋白中打发起泡

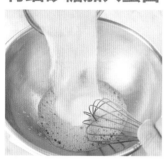

将蛋白放入没有油渍的干净盆中，用打蛋器以打散的方式搅拌。加入细砂糖之后，以打蛋器打发起泡。

2 隔水加热，继续打发

使用隔水加热的方式加热，一边以打蛋器搅拌，一边加热到40~50℃，至细砂糖完全溶化在蛋白中，融合在一起。**Q2**

Q2 为什么瑞士蛋白霜需要隔水加热？

A 蛋白如果温度高一点，比较容易打发，但质地会变得粗糙。相反，温度低一点，比较不容易打发，但质地会变得细致。瑞士蛋白霜因为一开始就把砂糖全部加入，所以是不容易打发的蛋白霜。因此，借由加热就能顺利地打发起泡。而且，加热之后会溶化大量的砂糖，这也是加热的原因之一。

将盆移离热水，放凉之后，以手持式电动搅拌器充分打发至立起尖角。打发后的蛋白霜，气泡的质地变得细致，具有光泽和黏性，体积也增大。

※打发的过程中，手感会渐渐变得沉重。

3 加入椰子粉搅拌

加入椰子粉，为了将全体混拌均匀，以橡皮刮刀搅拌。
Q3

Q3 为什么要加入椰子粉？

A 因为加入椰子粉可以增添酥脆的口感和椰子的香气。

4 舀在烤盘上，烘烤

以小茶匙舀取蛋白霜，再用手指拨落在烤盘上。

以120℃的烤箱烘烤大约90分钟。为了让烤箱的水蒸气散发出去，将蛋白霜烤干，大约每隔30分钟，打开烤箱门1次，让水蒸气散出去。
※ 因为家庭烤箱中的水蒸气散发不出去，所以想要以低温将甜点烤干的话，需要加入这个步骤。**Q4**

Q4 如果烘烤时不打开烤箱门，会怎么样呢？

A 若使用的是密闭度很高的烤箱，里面满是水蒸气，蛋白霜有时会膨胀至超过需要的程度。那样，椰子球里面会有很多空隙或是凹陷下去。如果使用的是家用烤箱，视机型的不同，也许即使不开烤箱门也不会发生问题，所以要一边观察状况一边进行烘烤。

取出1个椰子球，放凉之后剥开，确认烘烤的状况。如果连内层都烤到完全干燥就可以了。如果烘烤不足的话，再烘烤5分钟左右，然后观察烘烤的状况。

坚果蛋白霜脆饼面糊

蛋白 ＋ 砂糖 ＋ 坚果粉

Pâte à succès

坚果蛋白霜脆饼（succes）面糊是使用蛋白制作的基本面糊之一，将杏仁和榛果等坚果的粉末加入蛋白霜之中烘烤。表面酥脆，里面松软的坚果蛋白霜脆饼，也可以与奶油霜或巧克力甘纳许等组合在一起。一般都是将面糊挤成旋涡状，中间以奶油霜为夹馅。

材料（直径6cm的成品22个）

〈坚果蛋白霜脆饼面糊〉

蛋白霜	蛋白	…………	75g	
	细砂糖	…………	20g	
杏仁粉		…………	30g	共计
榛果粉		…………	20g	202g
糖粉		…………	50g	
低筋面粉		…………	7g	

糖粉 ………………… 适量

器具

纸、压膜、烤盘、烘焙纸、盆、打蛋器、手持式电动搅拌器、橡皮刮刀、挤花袋、圆形挤花嘴（直径7mm）、小滤筛、烤箱

预先准备

将直径6cm的压膜或是圈模放在与烤盘相同大小的纸上，以1~1.5cm的间隔画上圆圈。铺在烤盘上，再将烘焙纸放在上面。

边长27cm的正方形

直径6cm

1 混合粉类

将杏仁粉、榛果粉、糖粉和低筋面粉放入盆中，以打蛋器混合后备用。**Q1**

※在这款甜点中所使用的蛋白霜，因为砂糖的分量少，稳定性不太好，为了让粉类能均匀又迅速地拌入蛋白霜中，所以要事先混合备用。

Q1 坚果的功用是什么？

A 首先是风味。加入坚果可以为面糊增添风味。此外，坚果中所含的油分会在烘烤的过程中让面糊的气泡消失，内层会变得粗糙、形成酥脆的口感。坚果的分量最多也只能与蛋白的分量相同。如果加入过多的坚果会压碎蛋白霜的气泡，口感就变差了。

2 制作蛋白霜

将蛋白放入没有油渍的干净盆中，用手持式电动搅拌器以打散的方式搅拌后再打发起泡。打发至全体变成气泡，体积稍微增大之后，将细砂糖分成2次加入，充分打发至立起尖角。

失败 NG

蛋白霜打发过度的话会失去光泽，表面变成粗糙不平、干巴巴的状态。虽然必须充分打发起泡，但是使用这样的蛋白霜制作的话，面糊会变得很软，呈松弛、扁塌的状态。

3 将粉类加入蛋白霜中搅拌

将1的粉类筛入2中。用橡皮刮刀以切拌的方式混拌之后，从盆底部大幅度地舀起面糊翻拌混合。

要点 Point

因为常有还未拌匀的粉类或蛋白霜残留在橡皮刮刀的上面，所以在翻拌的过程中，要将黏附在橡皮刮刀上的面糊刮在盆的边缘，与其余的面糊混合，搅拌均匀。

混拌至没有蛋白霜和粉类残留的状态。**Q2**

Q2 没有蛋白霜和粉类残留是怎样的状态？

A 面糊在没有蛋白霜和粉类残留的状态下蓬松饱满，舀起后落下时不会流动，而是成块状，啪嗒一声往下掉落。

失败 NG

蛋白霜和粉类不要混拌过度。混拌过度时会出现光泽，面糊变得柔软而黏糊糊的。搅拌多次之后会消泡，面糊的分量减少，所以也无法挤出指定的片数。**Q3**

Q3 混拌过度的面糊，有挽救的方法吗？

A 如果已经变成如同图片所示的状态，就没有挽救的方法了。请一边注意状态一边混拌吧！

4 挤在烤盘上，烘烤

填入装有直径7mm圆形挤花嘴的挤花袋中，接着在烘焙纸上挤出直径6cm的面糊。将挤花袋垂直立起，由中心往外一边画圆一边挤出面糊，最后不要使力，像往旁边流走一样切断面糊。

※画有参考线的纸要在烤盘放入烤箱之前拿开。

均匀地撒上糖粉。Q4

Q4 为什么要撒上糖粉？

A 撒上糖粉是为了在面糊的表面制造出砂糖的膜。这么一来，挤成旋涡状的外形可以漂亮地保持不变，而且烘烤完成时口感也会变得更好。

以140℃的烤箱烘烤大约50分钟。从烤箱中取出1片坚果蛋白霜脆饼，放凉之后剥开，确认烘烤的状况。如果能够脆脆地剥开，连内层都是酥脆的状态就表示可以出炉了。

※如果软软地弯曲了，或是内层好像黏糊糊的，就要再用烤箱烘烤5分钟左右，然后观察烘烤的状况。

失败NG

要把蛋白霜和粉类混拌过度的面糊挤出来时，面糊会从挤花袋黏糊糊地流出来，没有蓬松饱满的感觉。烘烤时凹凸不平的波纹也会消失，表面变得平坦，也没有蓬松感，因为气孔密实，所以烤干之后口感会变得很硬。

巧克力坚果蛋白霜脆饼

巧克力坚果蛋白霜脆饼是在坚果蛋白霜脆饼中夹入巧克力甘纳许，再以巧克力镜面淋酱（➡P.39 **01**）装饰表面。冷藏之后再享用，酥脆的坚果蛋白霜脆饼和黏稠的巧克力甘纳许的口感会形成强烈的对比，是非常吸引人的甜点。

Succès au chocolat

材料（直径6.5cm的成品10个）

坚果蛋白霜脆饼面糊（➡P.34）	……	20片
咖啡风味巧克力甘纳许（➡P.169）	…	450g
巧克力镜面淋酱 **Q1**	……………………	适量
可可粉	……………………	适量
糖浆（水：细砂糖=1：1）	…………………	适量
咖啡豆巧克力	……………………	10个

做法

1 将烤好的坚果蛋白霜脆饼铺在直径6.5cm、高2cm的圆形圈模里面，再将咖啡风味巧克力甘纳许填入装有直径9mm圆形挤花嘴的挤花袋中，挤出来。再叠上1片坚果蛋白霜脆饼，表面也涂上咖啡风味巧克力甘纳许，然后放入冷藏室冷藏凝固。

2 脱模之后放在铲子上面。将以40℃熔化的巧克力镜面淋酱淋覆在表面，以铲子迅速抹平表面。**Q1**

3 将可可粉用糖浆（将相同分量的水和细砂糖以微波炉加热约30秒，熔化后冷却而成）调匀成膏状，填入圆锥纸筒（将三角形的纸卷起来所做成的挤花袋）里面，挤在2的上面。最后以咖啡豆巧克力装饰在上面。

Q1 巧克力镜面淋酱是什么？

A 巧克力镜面淋酱（pâte à glacer）是不需要调节温度的巧克力制品，以40℃熔化后使用。如果买不到的话，可以在熔化的巧克力中加入10%~20%的色拉油，成为巧克力镜面淋酱的替代品。

专栏 Column

变身成各式甜点的坚果蛋白霜脆饼

坚果蛋白霜脆饼可以如同这里所介绍的一样，与奶油酱或慕斯组合之后使用，也可以改变大小或形状当成蛋糕的基座使用。此外，用加了果仁糖的奶油霜为夹馅，然后以与前述相同的奶油霜覆盖全体作为装饰的蛋糕，称为"成功蛋糕（succès）"，一般都会在表面写上法文字样"succès"。

坚果蛋白霜脆饼面糊的应用

达夸兹面糊

Pâte à dacquoise

将杏仁粉和砂糖与蛋白霜混合而成的面糊称为"达夸兹面糊"，用这种面糊烤出来的蓬松甜点就是达夸兹。达夸兹面糊与坚果蛋白霜脆饼面糊一样，都被归为蛋白霜面糊类。倒出稍微厚一点的面糊，用略高的烤温在短时间内烘烤而成，就能烤出膨胀度佳、口感松软的达夸兹。夹入浓醇的奶油霜，成为可以品尝到饼体风味的热门甜点。

达夸兹

Dacquoise

材料（宽4.5cm、长7cm、高1cm的达夸兹模具12片〈6个〉）

〈达夸兹面糊〉

蛋白霜	蛋白	100g	共计 249g
	细砂糖	15g	
杏仁粉		67g	
糖粉		67g	

糖粉‥‥‥‥‥‥‥‥‥‥‥‥ 适量

〈果仁糖风味奶油霜〉

奶油霜（→P.166）‥‥‥‥‥‥‥‥ 200g

果仁糖（将加热过的砂糖加入烘烤过的
坚果之中，焦糖化而成）‥‥‥‥‥‥ 40g

预先准备

将烘焙纸铺在烤盘上。

1 混合粉类

将杏仁粉和糖粉放入盆中，以打蛋器混合之后备用。

Q1

Q1 也可以用杏仁果以外的坚果制作吗？

A 可以用榛果等其他的坚果制作。不过，如果坚果的颗粒稍微粗一点的话，加进少许低筋面粉就可以在烘烤完成时防止饼体扁塌。虽然要视加入的坚果种类而定，但最好加入约为蛋白分量10%的低筋面粉。

2 制作蛋白霜

将蛋白放入没有油渍的干净盆中，用手持式电动搅拌器以打散的方式搅拌混合之后再打发起泡。打发至全体变成气泡，体积稍微增大一点后，加入细砂糖，充分打发至立起尖角。

Q2

Q2 可以一口气加入细砂糖吗？

A 加入的细砂糖分量不多，所以可以一口气加进去。不过，因为砂糖可以调整质地，让气泡稳定的能力变弱，所以要注意勿打发过度。

3 将粉类加入蛋白霜中搅拌

将1加入2之中，用橡皮刮刀以切拌的方式混拌面糊之后，从盆底部大幅度地舀起面糊翻拌，混拌至没有蛋白霜与粉类残留的状态。

4 挤入模具中

将达夸兹模具放置在烤盘上。将3填入装有直径13mm圆形挤花嘴的挤花袋中，挤入模具中直到比模具稍微隆起的高度。**Q3**

Q3 没有模具的话，要怎么制作呢？

A 以直径10mm左右的圆形挤花嘴挤成旋涡状，或是挤入高度较低的圆形圈模（高度约1.5cm）中，就可以取代专用的模具制作。

使用抹刀抹平表面。将抹刀贴着中央往左边抹平，然后再次贴着中央往右边抹平，最后从一边将全体抹平，让面糊填满模具。从正上方拿起模具，脱模。

※像这里所用的模具一样，可以挤出的个数很少，无法一口气排满烤盘时，在脱模之后，将模具换个位置，就可以让挤出的面糊排满整个烤盘。

5 撒上糖粉

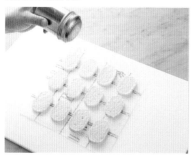

将糖粉装入粗孔的糖粉筛罐中，筛撒在全体上面。**Q4**

Q4 为什么表面要筛撒糖粉？

A 因为在面糊的表面制造出砂糖的膜，这层膜就会覆盖着面糊，让多余的水分无法蒸发，面糊才会漂亮地膨胀起来。此外，外观和口感也会变得更好。

静置一会儿，让表面的糖粉融化。

待表面的糖粉融化后，
另外取糖粉放入小滤筛
中，再筛撒一次。**Q5**

Q5 为什么要分别使用不同的
滤网筛撒呢？

A 第1次的糖粉是装入粗孔的糖
粉筛罐中筛撒出来。这么一
来，糖的颗粒会粗略地黏
附在面糊表面，烤好时很容
易形成砂糖的大颗粒。第2次
的糖粉，因为想要均匀地筛
撒在整个面糊上，在面糊的
表面制造出砂糖的膜，所以
要使用小滤筛。如果没有糖
粉筛罐的话，两次都以小滤
筛筛撒糖粉。

6 烘烤之后修整形状

以190℃的烤箱烘烤
13~15分钟。**Q6**

Q6 为什么以190℃的中温烘
烤？

A 虽然也要视配方和面糊的厚
度而定，但以180~190℃的
中温烘烤如达夸兹等糕点的
饼体，可以烤得外表酥脆，
内层松软。

取出1片达夸兹，确认
烘烤完成的状况。接触
到烤盘的那一面也烤出
烤色就可以了。使用剪
刀剪除超出边缘的部
分，修整形状。

达夸兹的完成

❶制作果仁糖风味奶油霜。将果仁糖加
入奶油霜中搅拌。
❷将①填入装有直径9mm圆形挤花嘴
的挤花袋中，挤在1片达夸兹的上面，
再用另一片夹起来。

分蛋海绵蛋糕面糊

Pâte à biscuit

蛋黄 ＋ 蛋白 ＋ 砂糖 ＋ 面粉

把蛋黄和蛋白分开，分别打发起泡之后混合而成的面糊。将蛋黄和蛋白分别打发起泡的做法称为分蛋法。因为面糊会变得稍微硬一点，所以适合用来制作挤出之后烘烤的甜点。蛋白霜的气泡不易消泡，还能做出轻盈的口感，所以也常用来制作蛋糕卷，但最基本的则是手指饼干。它是将分蛋海绵蛋糕面糊挤成细长形，撒满糖粉之后再烘烤而成的。

手指饼干

Biscuit à la cuiller

材料（长9cm的成品40根）

〈分蛋海绵蛋糕面糊〉

蛋黄	40g	
细砂糖	30g	
蛋白霜 蛋白	60g	共计216g
细砂糖	30g	
低筋面粉	56g	

糖粉·····适量

器具

纸、烤盘、盆、打蛋器、手持式电动搅拌器、橡皮刮刀、挤花袋、圆形挤花嘴（直径13mm）、粗孔的糖粉筛罐、小滤筛、烤箱、抹刀

预先准备

在与烤箱相同大小的纸上画出间隔7cm的横线。

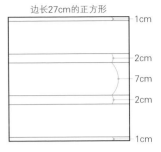

边长27cm的正方形　1cm / 2cm / 7cm / 2cm / 1cm

1 将蛋黄和细砂糖研磨搅拌

将蛋黄和细砂糖（30g）放入盆中，立刻以打蛋器研磨搅拌。**Q1**

Q1 蛋黄的功用是什么？

A 以这种面糊来说，从蛋黄中获取蛋的风味是它最大的功用。蛋黄的乳化性（➡P.6）很高，如果蛋黄的比例较多，就可以做出比较细致的质地。

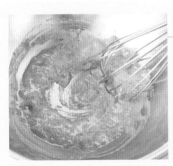

失败 NG

将细砂糖加入蛋黄中，然后放置不管的话，细砂糖会吸收蛋黄的水分，形成颗粒状的结块。一旦变成这样就无法复原了，不管搅拌多少次仍然会残留颗粒。蛋黄和细砂糖加在一起之后就要立刻搅拌。

如图片所示，变得滑润而黏稠，颜色变白就可以了。**Q2**

Q2 也可以用手持式电动搅拌器搅拌蛋黄和细砂糖吗？

A 用手持式电动搅拌器也可以。不过，在将蛋白打发起泡的时候，绝对不可以沾到蛋黄等油脂，所以要清洗干净后再使用。

2 制作蛋白霜

将蛋白放入盆中，用手持式电动搅拌器以打散的方式搅拌混合之后再打发起泡。将细砂糖（30g）分成3次加入，充分打发至出现光泽，变成质地细致的气泡。

※使用打蛋器的话，在加完第3次细砂糖之后，以压碎粗大气泡的方式搅拌，调整质地。**Q3**

Q3 为什么要以压碎粗大气泡的方式搅拌？

A 因为在这之后，会与蛋黄和低筋面粉混合在一起，所以必须将打蛋器以研磨搅拌的方式转动，压碎粗大的气泡，让全体变成质地细致的气泡，调整成状态稳定的蛋白霜备用。

失败 NG

蛋白霜一旦打发过度就会失去光泽，表面变成粗糙不平、干干的状态。虽然必须充分打发起泡，但是变成这种状态的蛋白霜很难与面糊融合在一起，烤好时成品的表面会出现许多孔洞，膨胀的程度也不佳，所以要一边仔细观察状态一边打发起泡。

3 将蛋白霜加入1之中搅拌

将1/3量的蛋白霜加入1之中。**Q4**

Q4 为什么一开始只加入1/3量的蛋白霜？

A 因为蛋黄糊和蛋白霜两者的硬度不同，所以一口气加入全部的蛋白霜会很难拌匀。在这里，加入少量的蛋白霜让蛋黄糊变得稍微轻盈一点之后，再将全部的蛋白霜混拌在一起。

以橡皮刮刀大幅度地舀起来翻拌，直到蛋白霜融合拌匀为止。

加入剩余的蛋白霜，以橡皮刮刀大幅度地翻拌混合。大致拌匀即可，不必混拌至完全均匀。**Q5**

Q5 为什么没有完全拌匀也可以？

A 因为在这之后会加入低筋面粉搅拌。如果这里就充分搅拌均匀，完成时的面糊就会变得搅拌过度，很容易变成气孔紧密的面糊。

4 加入低筋面粉混拌

加入低筋面粉混拌。**Q6**

Q6 低筋面粉的功用是什么？

A 低筋面粉中所含的淀粉会吸收蛋的水分，烘烤时一经加热，就会以具有黏性的状态膨胀起来。与此同时，水分蒸发，变成支撑面团/面糊的墙壁。此外，低筋面粉中所含的蛋白质制造出具有黏性和弹性的面筋，以包围住淀粉粒的方式打造出立体的网孔结构。经过烘烤、水分蒸发后，面筋烤硬了，形成支柱，支撑烤好之后的面团/面糊。

要点 Point

以橡皮刮刀从盆的底部大幅度地舀起，同时用另一只手转动盆，以切拌的方式混拌。因为橡皮刮刀上常常会残留没有完全拌匀的粉类或蛋白霜，所以要时时将橡皮刮刀清理干净。

混拌均匀至看不见低筋面粉和蛋白霜为止。面糊的硬度大约是以橡皮刮刀舀起时，面糊会聚拢成一团，慢慢掉落的程度。

失败 NG

混拌过度时，面糊很柔软，变成黏糊糊地流动的样子。因为分蛋海绵蛋糕面糊很容易变成这种状态，所以要留意避免混拌过度。**Q7**

Q7 为什么容易变成混拌过度的状态？

A 因为将蛋白霜和蛋黄混合之后，接着又与低筋面粉混拌，比之前的蛋白霜面糊的混拌程序次数多了1个步骤。

5 挤在烤盘上

填入装有直径13mm圆形挤花嘴的挤花袋之后，以倾斜约40°的角度握着挤花袋，在纸上斜向挤出长9cm的面糊。从参考线的一端到另一端，挤出同样粗细的面糊，最后将挤花嘴紧贴在纸上，停止挤出面糊，然后将挤花嘴往正上方提起，切断面糊。**Q8**

Q8 为什么要斜向挤出面糊？

A 如果是直向挤出面糊，会变成是将挤花袋朝着腹部的方向移动到眼前。这么一来，身体会造成阻碍，使手臂难以移动，不便挤出面糊。如果是斜向挤出面糊，手臂就会变得很容易移动。在参考线7cm的距离之间斜向挤出面糊，就会刚好是9cm的长度。

※画有参考线的纸要在烤盘放入烤箱之前拿开。

失败 NG 1

将混拌过度，变得黏糊糊的面糊（参照上面失败NG图片）挤出时，因为很软，面糊松弛不成形，摊平成一片。将这种面糊烘烤时，体积不会膨胀，烤好的成品气孔密实，质地坚硬，呈干燥的状态。

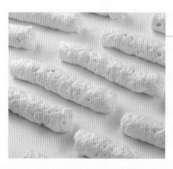

失败 NG 2

打发过度，变得干巴巴的蛋白霜（→参照P.46的失败NG图片），很难与面糊拌匀，所以挤出来的时候会残留白色的块状物。**Q9**

Q9 一旦有蛋白霜残留，对于味道和口感有什么影响？

A 打发过度的蛋白霜，由于质地干松而难以拌匀，因此混拌的次数也增多了，压碎的气泡超过了实际需要。气泡被压碎的面糊会变得气孔密实，体积不会膨胀。此外，有蛋白霜残留的话，在蛋白霜残留部分有时会出现孔洞。

6 撒上糖粉，烘烤

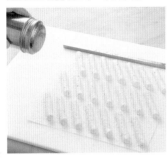

将糖粉装入粗孔的糖粉筛罐中，筛撒在全体上面，静置一下让表面的糖粉融化。

待表面的糖粉融化后，另外取糖粉放入小滤筛中，再筛撒一次。清除多余的糖粉之后，移入烤盘中。

Q10 **Q11**

以180℃的烤箱烘烤大约13分钟。烤好之后，将抹刀插入手指饼干和纸之间，从纸上取下。

失败 NG

如果糖粉撒得不均匀，会如同图片左边的成品一样，无法在表面形成膜，烤好的成品外观也不好看（右边为正确的范例）。

失败　　　　　正确

Q10 在面糊表面撒上2次糖粉的原因是什么？

A 因为要在面糊表面制造出砂糖的膜，这层膜会覆盖着面糊，让多余水分无法蒸发，面糊才会漂亮地膨胀起来。此外，外观和口感也会变得很好。第1次是将糖粉装入粗孔的糖粉筛罐中筛撒出来，让糖粉的颗粒粗略地黏附在面糊表面。这么一来，烤好的时候会形成砂糖的大颗粒。第2次因为想要均匀地筛撒在整个面糊上面，所以用小滤筛筛撒糖粉，制造出砂糖的膜。

Q11 撒上糖粉之后可以直接送入烤箱烘烤吗？

A 如果纸上有大量多余的糖粉，烘烤后会融化成焦糖状，有时紧黏着面糊的周围，很容易烤焦，所以请事先将多余的糖粉清干净。可能的话，最好将纸放在板子上，用手指将纸紧紧地按住使板子倾斜，从板子的反面以擀面杖等轻轻敲打，清除多余的糖粉。

分蛋海绵蛋糕面糊+玉米粉

将一部分的低筋面粉替换成玉米粉，就可以变成质感轻盈的面糊。虽然略微欠缺弹性，但是口感轻盈。使用这种面糊所制作的甜点"全麦面包"，在法文中有"完全的面包"之意。因为外形像以全麦粉制作而成的圆形面包，所以取了"全麦面包"这个名称。又称为黑面包。

Pâte à biscuit + Maïzena

全麦面包 *Pain complet*

材料（直径15cm的成品1个）

〈分蛋海绵蛋糕面糊〉

蛋黄	……………………	30g
香草糖	……………………	8g
蛋白霜	蛋白 ………	45g
	细砂糖 ……	38g
低筋面粉	…………………	37g
玉米粉	…………………	8g

共计 166g

糖粉 ………………………	适量
高筋面粉 …………………	适量
外交官奶油(➡P.165)…	300g

预先准备

· 将低筋面粉和玉米粉混合备用。

※ 为了让粉类能均匀又迅速地与蛋白霜拌匀，要事先混合。

· 在与烤盘相同大小的纸上画出直径12cm的圆圈，然后放在烤盘上。

1 将蛋黄和香草糖研磨搅拌

将蛋黄放入盆中，以打蛋器打散之后加入香草糖，研磨搅拌至颜色变白，滑润而黏稠。**Q1**

Q1 为什么要使用香草糖？

A 这是为了要将香草荚的香气加入面糊中。将用于制作卡什达酱的香草荚以水清洗过后，干燥至变得酥脆为止，然后与细砂糖一起装入密闭瓶罐里，香草荚的香气就会转移至细砂糖中，制作成香草糖，或将1g香草粉和100g细砂糖混合拌匀也可以。

2 制作蛋白霜

将蛋白放入没有油渍的干净盆中，用手持式电动搅拌器以打散的方式搅拌后再打发起泡。打发至全体变成气泡，体积稍微增大之后，将细砂糖分成3次加入，充分打发至立起尖角。

3 将蛋白霜和粉类加入*1*之中

将1/3量的蛋白霜加入*1*中，以橡皮刮刀拌匀后，加入已经预先混合的低筋面粉和玉米粉混拌。加入剩余的蛋白霜，以橡皮刮刀大幅度地翻拌。**Q2**

Q2 玉米粉的功用是什么？

A 将一部分的面粉换成玉米粉（淀粉），面筋的含量会变少，做出来的蛋糕体变得轻盈，口感非常好。不过，因为低筋面粉变少，低筋面粉中所含的面筋所担负的弹性功能也会减弱，所以柔软度稍显不足。

4 挤在烤盘上，烘烤

将3填入挤花袋中，用剪刀剪开前端（直径20~30mm），在纸上挤出高度3~4cm的半球状面糊。垂直握着挤花袋，固定位置之后直接用力挤出面糊，挤到大小如同参考线的圆圈为止，然后将挤花嘴呈"の"字形移动，切断面糊。**Q3**

Q3 为什么不使用挤花嘴挤出面糊呢？

A 因为不使用挤花嘴，从大一点的开口挤出面糊的话，就不会压扁面糊，尽可能让面糊完整地挤出来。

以抹刀抹平面糊表面，塑形。撒上糖粉，待糖粉融化之后撒上高筋面粉，然后以抹刀划入格子状的纹路。**Q4**

Q4 为什么要撒上高筋面粉？

A 因为撒上高筋面粉，烘烤好的蛋糕体表面就会像面包一样残留着面粉。

以180℃的烤箱烘烤大约20分钟。

全麦面包的完成

将烤好的蛋糕体横向切成一半，把外交官奶油填入装有直径13mm圆柱挤花嘴的挤花袋中，挤在底部的蛋糕体上，然后盖上上半部的蛋糕体。

分蛋海绵蛋糕面糊的应用2

Pâte à biscuit Joconde

杏仁分蛋海绵蛋糕面糊

这是在"分蛋海绵蛋糕面糊"中加入了杏仁粉和奶油，味道醇厚的面糊。烤得薄薄的蛋糕片，在法国除了用来夹奶油霜之外，一般都用来当作蛋糕的基座。将面糊推平成相同的厚度，而且为了避免烤干变得酥酥脆脆的，请确实地确认烤箱的温度之后再烘烤。"歌剧院蛋糕"是将杏仁分蛋海绵蛋糕和奶油霜层层相叠之后，外表淋覆巧克力的华丽蛋糕。

歌剧院蛋糕

Opéra

材料（13cm×13cm的成品1个）

〈杏仁分蛋海绵蛋糕面糊〉

全蛋	72g
糖粉	57g
杏仁粉	57g
低筋面粉	13g
蛋白霜｜蛋白	51g
｜细砂糖	11g
黄油	11g

共计 272g

咖啡糖浆	浓缩咖啡	120g
	细砂糖	12g
巧克力甘纳许（➡P.168）		120g
咖啡风味奶油霜（➡P.166）		80g
巧克力镜面淋酱（➡P.39）		适量
可可粉		适量
糖浆（水：细砂糖=1：1）		适量
金箔		适量

预先准备

以刷子将黄油（分量外）涂抹在烤盘的4个边和对角线，然后铺上烘焙纸。

※因为是薄薄的面糊，为了避免烘焙纸在烘烤的过程中浮起来，以黄油代替糨糊将纸牢牢地贴住。

1 将蛋和粉类加在一起，打发起泡

将全蛋、糖粉、杏仁粉以及低筋面粉放入盆中，以手持式电动搅拌器打发至润滑而黏稠。

2 制作蛋白霜

将蛋白放入没有油渍的干净盆中，用手持式电动搅拌器以打散的方式搅拌后再打发起泡。打发至全体变成气泡，体积稍微增大之后，加入细砂糖，充分打发至立起尖角。**Q1**

Q1 可以一口气加入细砂糖吗？

A 相对于蛋白的量，加入的细砂糖量很少，所以在这种状况下可以一口气加入。

3 将1加入蛋白霜中搅拌

将1的面糊加入蛋白霜中，用橡皮刮刀以切拌的方式混拌。**Q2**

Q2 可以一口气加入全蛋面糊吗？

A 以这款面糊来说，全蛋面糊和蛋白霜的软硬度并没有太大差异，所以不需要先加入一部分的蛋白霜让全蛋面糊的质地变得轻盈一点，可以一口气全部混拌均匀。

4 加入熔化的黄油搅拌

将黄油隔水加热熔化之后，一边淋在橡皮刮刀上，一边加进盆中，分散在全体上面。由盆的底部大幅度舀起，以切拌的方式混拌。**Q3**

Q3 熔化黄油的温度和加入的方式，需注意什么？

A 黄油请熔化至50~60℃后再加入。因为盆中的面糊是冷的，如果将冰冷的黄油加入其中，黄油会不易分散在面糊中。此外，如果熔化的黄油直接加入会沉积在下面，而且油脂具有消泡的性质，所以要用边淋在橡皮刮刀上边分散在全体面糊上的方式加入。

5 倒入烤盘中，烘烤

倒入已经铺上烘焙纸的烤盘中，将抹刀大幅地朝左右移动，把面糊摊平，要确实地将面糊铺进4个角落。然后将全体抹平，让厚度一致。

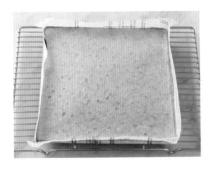

以210℃的烤箱烘烤大约10分钟。烤好之后从烤盘中取出，放在网架上，将纸盖在表面以防干燥，让它冷却。
Q4 **Q5**

Q4 烘烤薄薄一层面糊的注意要点是什么？

A 面糊的厚度要平均地推薄。如果面糊的厚度不平均，比较厚的地方要花较长的时间才能烤熟，比较薄的地方就会烤焦了。而且为了不要让面糊烤得太干，以高温在短时间内烘烤也是重点之一。

Q5 为什么要以高温烘烤？

A 因为表面积很大而且很薄，面糊容易烤得很干，所以要以高温烘烤。而且借由在短时间内烘烤，减少面糊的干燥程度，就能烤出湿润的质地。

歌剧院蛋糕的完成

❶ 将杏仁分蛋海绵蛋糕以"十"字形切成四等分。将其中一片有烤色的那面朝上放置，薄薄地涂上一层熔化的巧克力镜面淋酱，放入冷藏室冷藏凝固（这片便成为蛋糕基座）。

❷ 制作咖啡糖浆。将细砂糖加入浓缩咖啡之中溶匀。冷却之后，将①翻面涂上咖啡糖浆，上面再涂抹巧克力甘纳许。

※咖啡糖浆要大量涂抹，直到以手指按压蛋糕时会嗞嗞作响渗出糖浆的程度。计算一下，每一片要渗入30g的咖啡糖浆。

❸ 将第2片杏仁分蛋海绵蛋糕有烤色的那面朝下，叠在第1片上面，以木板（或是长方形浅盘）压平。涂抹咖啡糖浆，再涂上咖啡风味奶油霜。

※以木板按压是为了能平稳地相叠。

❹ 以同样的方法放上第3片蛋糕片之后，涂抹咖啡糖浆、巧克力甘纳许。放上第4片蛋糕片后，涂抹咖啡糖浆、咖啡风味奶油霜，然后放入冷藏室冷藏凝固。

※预先充分冰凉备用，在下个程序中淋覆上去的巧克力镜面淋酱会立刻凝固，做出漂亮的蛋糕。

❺ 将熔化的巧克力镜面淋酱倒在咖啡风味奶油霜表面的中央，然后以抹刀薄薄地涂抹推开到4个角落，将多余的镜面淋酱从边缘抹下去，然后静置一会儿等候凝固。

❻ 用加热过的波浪蛋糕刀切除4个边，以糖浆（将相同分量的水和细砂糖以微波炉加热30秒左右，让糖溶化之后冷却而成）溶化可可粉，调匀成膏状，填入圆锥纸筒中写上文字后，以金箔装饰。

分蛋海绵蛋糕卷面糊

Pâte à biscuit roulé

这是用来制作蛋糕卷的面糊。因为在"分蛋海绵蛋糕面糊"中加入了蜂蜜和牛奶，所以风味佳，蛋糕卷的质地很湿润。此外，因为是以分蛋法（➡P.44）制作，所以可以烤出轻盈松软的蛋糕体。为了做出轻盈的口感，并且可以轻松地卷起来，要减少低筋面粉的分量。这里要介绍的是涂上打发的淡奶油霜之后再卷起来的简单蛋糕卷。

香缇鲜奶油蛋糕卷

Gâteau roulé à la crème chantilly

材料（长27cm的成品1条）

〈分蛋海绵蛋糕卷面糊〉

蛋黄	100g
细砂糖	20g
蜂蜜	40g
蛋白霜 蛋白	145g
细砂糖	60g
低筋面粉	56g
牛奶	25g

共计 446g

糖粉 ……………………………… 适量

〈香缇鲜奶油〉

淡奶油（乳脂肪含量42%）	200g
糖粉	16g

预先准备

准备比烤盘大一点的纸，在4个角剪出45°的切口。将这张纸铺在烤盘上，切口的部分把纸相叠，确实地铺在烤盘里。

1 混合蛋黄、细砂糖和蜂蜜

将蛋黄、细砂糖（20g）和蜂蜜放入盆中，以手持式电动搅拌器搅拌均匀。隔水加热至与体温相当的温度。

Q1 Q2

※ 所谓与体温相当的温度，实际上大约是36℃，但是若还不熟练打发起泡的作业，最好加热至40℃左右。

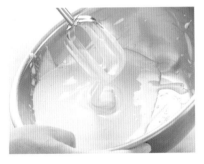

移离热水，打发至呈现缎带状（➔P.62要点）。

Q3

Q1 为什么要隔水加热?

A 隔水加热是因为只有蛋黄的话不容易打发起泡，必须靠加热提高起泡性。

Q2 蛋黄糊的最佳温度是多少?

A 所谓与体温相当的温度是摸摸看时会有温度的感觉，温暖的洗澡热水的温度为36~38℃。夏季时即使是36℃也可以，但是冬季时为了让蛋黄糊不易变冷，最好调整到40~42℃。因此隔水加热用的热水，温度要在40~50℃。

Q3 为什么要将蛋黄打发起泡?

A 为了让蛋糕体有轻盈的口感，所以让蛋黄里也饱含空气之后，制作面糊。

2 制作蛋白霜

将蛋白放入没有油渍的干净盆中，用手持式电动搅拌器以打散的方式搅拌后再打发气泡，体积稍微增大之后，将细砂糖（60g）分成3次加入，充分打发至立起尖角。

3 将蛋白霜加入1中搅拌

将1/3量的蛋白霜加入1中，以橡皮刮刀拌匀。加入剩余的蛋白霜后，大幅度地翻拌。**Q4**

Q4 为什么要分次加入蛋白霜?

A 因为蛋黄糊和蛋白霜的软硬度不同，所以会很难拌匀。加入少量的蛋白霜让蛋黄糊变得稍微柔软一点之后，再加入剩余的蛋白霜混拌在一起。

4 加入低筋面粉搅拌

如果低筋面粉全部聚集在一个地方会不容易搅拌，所以加入时要分散开。以橡皮刮刀从盆的底部大幅度地舀起，同时用另一只手朝着与橡皮刮刀移动方向相反的方向转动盆，以切拌的方式翻拌至看不见粉类为止。

※转动盆时，就可以从盆的底部大幅度地舀起面糊。

5 加入牛奶搅拌

为了让牛奶分散开，以橡皮刮刀承接牛奶，加进盆中。**Q5**

※如果把牛奶直接倒在面糊上，很容易会沉到盆的底部。

Q5 可以使用常温的牛奶吗?

A 若像这里一样只加入牛奶时，使用常温的牛奶即可。不过，制作海绵蛋糕等时，常常在加入牛奶的时候，一起加入黄油等油脂，这种情况下如果使用事先加热过的牛奶，黄油（油脂）会更容易分散到面糊中。

以橡皮刮刀从盆的底部大幅度地舀起面糊，混拌均匀。

6 倒入烤盘中，烘烤

将面糊倒入烤盘中。以抹刀先将面糊铺进4个角落，然后将全体抹平，使厚度一致。

※抹刀的痕迹在烘烤时就会消失，所以不需要在意。

要点 *Point*

残留在盆底部的面糊不要从正中间放入，而是从比较容易烤熟的烤盘边缘放入，使其融合在一起。使用抹刀时，如果边缘的部分不易抹平的话，也可以用刮板摊平。**Q6**

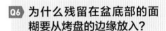

Q6 为什么残留在盆底部的面糊要从烤盘的边缘放入？

A 因为残留在盆底部的面糊已经用橡皮刮刀等碰触了好几次，所以不容易烤熟，烤出来的成品气孔密实。因此，放入容易烤熟的烤盘边缘与烤盘里的面糊融合，就可以烤得很均匀了。

以180℃的烤箱烘烤大约15分钟，调换烤盘的前后位置之后，将温度调降为160℃再烤10分钟。烤好之后从烤盘中取出，放在网架上，将纸盖在表面以防干燥，使其冷却。

Q7 **Q8**

※以家庭用烤箱制作的话，无论怎么烤都烤得不均匀，所以在烘烤的过程中要更换烤盘的方向，将全体烤出看起来很美味的烤色。

Q7 如何判别烤好与否？

A 首先，轻轻地按压表面。如果有弹性就是烤好了。此外，撕除侧面的纸时，毫无阻力，一下子就撕得很干净，说明中心也已经烤熟了。

Q8 为什么要将温度分成2个阶段烘烤呢？

A 因为倒入烤盘中的面糊有厚度，所以为了让内层可以烤熟，某种程度上需要长时间烘烤。尤其以这款面糊来说，因为加了蜂蜜，以180℃长时间烘烤的话很容易烤上色。虽说如此，以160℃烘烤的话，烤制的时间变长，面糊干时表面还是没有烤出看起来很美味的烤色。因此，要先以180℃烤出适度的烤色后，再以160℃将内层烤熟。

蛋糕卷的完成

烤好的蛋糕片冷却之后，将蛋糕片翻面，将纸撕下来，涂上香缇鲜奶油（➡P.163）之后卷起来。

杰诺瓦士蛋糕面糊

Pâte à génoise

蛋 ＋ 砂糖 ＋ 面粉 ＋ 奶油

这是一般人常说的海绵蛋糕面糊，以打发全蛋的做法制作。相对于把蛋黄和蛋白分开分别打发的分蛋法，这种做法称为全蛋法。烤好的蛋糕体以湿润和质地细致为特征，经常用来作为蛋糕的基座。最后加入黄油，可以让蛋糕体变得柔软，产生浓醇的风味。由于完成的面糊具有流动性，所以要倒入模具中或是烤盘中再烘烤。

材料（直径15cm的圆形模具1个）

〈杰诺瓦士蛋糕面糊〉

蛋	…………………	100g	
细砂糖	………………	60g	共计
低筋面粉	……………	60g	240g
黄油	…………………	20g	

器具

模具、纸、盆、手持式电动搅拌器、隔水加热用的锅、橡皮刮刀、烤箱

预先准备

将底部用的纸（与模具的直径相同的圆形）和侧面用的纸（宽4.5cm）铺在模具里。

※若先放入底部用的纸，侧面用的纸会倒向内侧，所以要依照侧面→底部的顺序铺在模具里。

※侧面用的纸如果长度不足的话，使用2张纸也没关系。

1 将蛋和细砂糖打发起泡

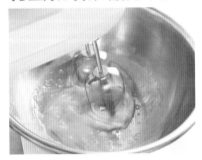

将蛋打入盆中，以手持式电动搅拌器打散成蛋液。

加入细砂糖，搅打至细砂糖溶化。**Q1**

Q1 为什么一开始就加入细砂糖？

A 与蛋白不同，含有蛋黄的全蛋如果直接打发的话，不容易起泡，所以必须加热，使起泡性变好。然而，蛋白从大约55℃起就会开始凝固，由底部开始变硬。因此，加入具有抑制热凝固性质的砂糖，可以对抗热力，提升凝固的温度。这么一来，蛋液就不会凝固，可以充分地加热。

隔水加热，一边打发一边加热至与体温相当的温度。将蛋糊滴落在手背上，确认是否加热至与体温相当的程度。试着触摸看看，如果感觉温热即可。**Q2**

※所谓与体温相当的温度，实际上大约是36℃，但是若还不熟练打发起泡的操作，最好加热至40℃左右。

Q2 为什么要将蛋液隔水加热之后再打发？

A 加热前的蛋液黏糊糊的，黏性很强，以打蛋往上舀起时会卡在打蛋器的铁线上。将蛋液加热后会减弱它的黏性，增加流动性，表面张力也变弱，变得很容易打发起泡。因此，以40~50℃的热水隔水加热，将蛋液加热至最容易打发的36~38℃。

移离热水，因为要趁着蛋液还温热的时候打出气泡，所以用手持式电动搅拌器以高速充分打发至呈现缎带状（→下图要点）。**Q3**

（→下图要点）

Q3 为什么要从隔水加热的热水移开？

A 所谓容易打发起泡的温度，也是气泡很容易变大，而且很容易消泡的温度。为了保留气泡，一定要调降温度，让气泡稳定，所以要从隔水加热的热水移开。如果维持隔水加热的状态继续打发的话，会将蛋的稠状连结完全切断，气泡会变得不稳定，质地会变粗糙。

要点 *Point*

呈现缎带状指的是当往上舀起时，蛋糊会呈带状缓缓地流下去，在盆中重叠的状态。以舀起的蛋糊写出"8"这个字时，最好会留下痕迹，一直到写完时都不会消失。

用手持式电动搅拌器以中速转动，调整蛋糕的质地。用手触摸盆的底部。确认里面的蛋糕温度是否已降低。
Q4 Q5

Q4 为什么打发结束之后，要继续用手持式电动搅拌器慢慢地转动？

A 因为慢慢地搅拌呈现缎带状的蛋糊，可以压碎粗大的气泡，统一成小气泡，让气泡变得稳定。

Q5 确认蛋糕的温度是否降低的理由是什么？

A 已经打发的气泡如果一直维持在高温状态，很容易消泡，而且不稳定。因此，打发完成时，必须触摸一下盆的底部，确认温度是否已经降低。

失败 *NG*

打发不足的话，气泡会很粗大，往上舀起的面糊往下流的速度很快，无法呈现缎带状。打发过度的话，往上舀起的面糊会留下痕迹，永远都不会消失。

2 加入低筋面粉搅拌

如果低筋面粉全部聚集在一个地方，不容易搅拌，所以加入时要分散开。以橡皮刮刀从盆的底部大幅度地舀起，一边转动盆，一边轻轻地切拌。切拌至看不见粉类、气泡细致、质地滑顺、出现光泽为止。

※低筋面粉中含有很多空气时比较容易拌匀，所以在加入之前最好先过筛。

※一味担心消泡，常会混拌不足，请多加注意。

3 加入熔化的黄油搅拌

将黄油隔水加热熔化之后，一边淋在橡皮刮刀上，一边加进盆中，分散在表面。**Q6** **Q7** **Q8**

Q6 黄油的功用是什么？

A 加入黄油可使蛋糕体变得柔软，也能增添风味。

Q7 熔化的黄油的温度和加入的方式是什么？

A 黄油请熔化至50~60℃后再加入。因为盆中的面糊是冷的，如果将冰冷的黄油加入其中，黄油会不易分散在面糊中。此外，黄油还会沉积在下面，而且油脂具有消泡的性质，所以要用边淋在橡皮刮刀上边分散在面糊上的方式加入。

一边由盆的底部大幅度地舀起，一边混拌。

Q8 为什么在最后加入黄油？

A 黄油（油脂）具有破坏气泡的性质（黄油的消泡性），如果一开始就加入，或是加入黄油之后再混入面粉，会造成消泡。不过，无论多晚加入黄油，一旦混拌的次数很多，还是会消泡，所以要尽可能迅速地将黄油混拌均匀。因此，将黄油加热成流动性高的液状备用也很重要。黄油的温度低时会失去流动性，浓度升高，呈稠糊的状态。如果加入这种状态的黄油，混拌的次数一定会因此而增多。

失败 *NG*

混拌过度时，面糊会变得黏稠，出现光泽。粗鲁地胡乱搅拌，常常会变成这种状态，请多加留意。

4 倒入模具中

以橡皮刮刀过度接触面糊的话会造成消泡，所以要一边以刮板或橡皮刮刀清理盆，一边先将面糊集中在一个地方。再将面糊倒入模具中。

要点 *Point*

因为残留在盆底部和橡皮刮刀上的面糊不易烤熟，会烤出气孔密实的蛋糕体，所以不是放入中央，而是放入边缘容易烤熟的地方，然后以橡皮刮刀拌匀。

失败 *NG*

刮出残留在底部的面糊，集中在一起之后，常常会放在表面的中央，请多加留意（面糊的颜色稍带黄色的部分，就是后来放入的底部面糊）。因为气孔密实，不容易烤熟，所以要避免放入需要花较长时间烤熟的中心部分，然后要拌匀，使面糊的状态一致。

5 烘烤

以180℃的烤箱烘烤大约25分钟。烤好之后，以指腹轻轻按压最难烤熟的中心部分的表面，如果富有弹性就表示烤好了。烘烤不足的话，按压时会有往下沉、嗞嗞作响好像压坏气泡的触感，有时还会留下指痕。**Q9**

Q9 触摸蛋糕体确认是否烘烤完成，除此之外，还有其他方法吗？

A 完全烤熟的蛋糕体，铺在模具中侧面的纸会略微收缩，变成好像皱褶增多了一样（如图）。烘烤不足的时候，纸则会呈现绷紧的状态。

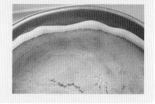

将模具拿高，从距离约10cm的高度扔下来，然后脱模。将纸取下之后翻面，放在网架上冷却。Q10

Q10 为什么要让蛋糕体掉下来之后再翻面？

A 让蛋糕体掉下来是为了防止内层多余的水蒸气消散之后，冷却期间会扁塌的缘故。而且在烤制的过程中，大气泡在膨胀的同时具有往上升起的倾向，靠近底部的部分，气泡则变小。因此，靠近底部的质地是细致的部分，为防止被蛋糕体本身的重量压扁，所以要翻面。

烤好的蛋糕体的比较

成功 OK

适度的蓬松感，全体平均地膨胀起来。蛋糕体的状态是质地细致、富有弹性，而且柔软。

失败 NG 1

蛋糕打发过度时，加入低筋面粉之后，如果混拌不足，蛋糕体会膨胀过度，中央凹陷。这是在想让蛋糕体膨胀起来的心理作用之下，常常犯下的失败案例。气泡粗大，湿润感不足，质地干巴巴的。如果蛋糊打发过度的话，最好比平常更充分地混拌低筋面粉。

失败 NG 2

打发不足以及加入低筋面粉和黄油之后混拌过度的面糊（ ➡ P.63 失败图片）所烤出来的成品。因为破坏了好不容易打发的气泡，所以形状膨胀得不漂亮，打发不足的话，蛋糕体的气孔会变得密实。Q11

专栏 *Column*

杰诺瓦士蛋糕源自于西班牙？

"杰诺瓦士（genoise）"这个词有"热那亚（Genova）风味"的意思。因此，杰诺瓦士蛋糕是起源于意大利的热那亚，但在意大利，好像称之为"西班牙面包（pan di spagna）"，我认为可能是诞生于西班牙的技术，传到了意大利、法国的缘故。

Q11 蛋糕体的形状膨胀得不好看，还有其他原因吗？

A 可以考虑的原因有2个：① 全蛋的打发不足（气泡不足）。② 计量错误（失败情形出奇的多）。下次制作的时候，请注意这两点，试着再挑战看看。

草莓蛋糕

发源于日本的"草莓淡奶油蛋糕"，是在杰诺瓦士蛋糕中夹入香缇鲜奶油和草莓，组合很简单的蛋糕。因为简单，所以杰诺瓦士蛋糕的完成状态对味道有很大的影响。这是一款烤出很棒的杰诺瓦士蛋糕之后，一定会很想制作的蛋糕。

Gâteau aux fraises

材料（直径15cm的成品1个）

杰诺瓦士蛋糕面糊（➡P.60）… 1模份
酒糖浆
| 糖浆 | 水 ……………………… 30g |
| | 细砂糖 …………………… 15g |
| 君度橙酒 …………………… 20g |

〈香缇鲜奶油〉

淡奶油（乳脂肪含量42%）…… 300g
糖粉 ………………………………… 24g

草莓 ……………………………… 20颗

做法

1 将杰诺瓦士蛋糕切成1.5cm厚的薄片，准备2片。**Q**

2 制作酒糖浆。将指定分量的水放入锅中，以中火加热，煮滚之后移离炉火，加入细砂糖溶匀，制作成糖浆（放入冷藏室保存）。将糖浆和君度橙酒混合，然后在底部的杰诺瓦士蛋糕上涂抹半量的酒糖浆。

3 将淡奶油和糖粉放入盆中，一边以冰水冰镇一边打至八分发，制作香缇鲜奶油，然后舀1勺放在2的底部蛋糕片上，以橡皮刮刀抹开，再将一切两半的草莓排列在上面。

4 放上香缇鲜奶油让草莓不会露出来，再叠上另一片杰诺瓦士蛋糕，然后涂上剩余的酒糖浆。

5 以香缇鲜奶油覆盖住全体，然后将香缇鲜奶油填入装有圣多诺黑（saint-honore）挤花嘴的挤花袋中挤花。以草莓装饰。

Q **可以熟练切出蛋糕片的方法是什么？**

A 把与想切出的厚度相当的木条放在蛋糕前后的位置，再将波浪蛋糕刀（没有的话可使用普通的刀）的刀腹紧贴在木条上面，切的时候刀刃不要从木条上浮起，就可以切出均匀的厚度了。

巧克力杰诺瓦士蛋糕面糊

巧克力风味的海绵蛋糕面糊"巧克力杰诺瓦士蛋糕面糊",是将"杰诺瓦士蛋糕面糊"的一部分面粉换成可可粉制作而成的。因为可可粉里含有油脂成分,不易与打发的蛋混拌均匀,而且也会消泡,所以必须特别留意。这里介绍的方块巧克力蛋糕(Tranche au chocolat),原文中的"tranche"指的是切成长方形的甜点。

Pâte à génoise au chocolat

方块巧克力蛋糕

Tranche au chocolat

材料（宽8cm×长27cm的成品1个）

〈巧克力杰诺瓦士蛋糕面糊〉

蛋	150g
细砂糖	85g
低筋面粉	40g
可可粉	20g
杏仁粉	20g
黄油	15g

共计 330g

可可糖浆

糖浆	水	100g
	细砂糖	50g
可可粉		50g
巧克力甘纳许（➡P.169）		420g
镜面巧克力（➡P.173）		570g

预先准备

准备比烤盘稍大一点的纸，在4个角剪入45°的切口。将这张纸铺在烤盘上，切口的部分把纸相叠，铺在烤盘里。

1 将可可粉和粉类过筛

将低筋面粉、可可粉和杏仁粉混合均匀后，在快要使用之前过筛。

Q1

Q1 为什么可可粉和粉类混合之后，在使用之前要过筛呢？

A 因为可可粉中含有油分，与打发的蛋糕不相容，很难拌匀，蛋糕的气泡也会消失。因此，一定会增加混拌的次数。为了缓和不相容的现象，使面糊更容易拌匀，所以先将可可粉与其他粉类混合均匀备用。

2 将蛋和砂糖打发起泡

将蛋和细砂糖放入盆中，以手持式电动搅拌器搅拌之后，隔水加热至人体温度。变热之后移离热水，充分打发至呈缎带状。将手持式电动搅拌器以中速转动，调整质地。

Q2 **Q3**

Q2 缎带状指的是什么状态？

A 呈缎带状指的是当往上舀起时，蛋糕会呈现带状缓缓地流下去，在盆中重叠的状态。以流下去的蛋糕写出"8"这个字时，最好会留下痕迹，一直到写完时都不会消失。

3 将粉类加入2之中搅拌

将1加入2之中，从盆的底部大幅度地舀起面糊，用橡皮刮刀以轻轻切拌的方式翻拌。混拌至看不见粉类即可。

※加入可可粉的面糊不要混拌过度，这点很重要。

Q3 想要保持住不易压碎的气泡，该怎么做？

A 慢慢搅拌已经呈缎带状的蛋糕，可以压碎粗大的气泡，统一成小气泡，使气泡稳定。因为在接下来的程序里加入的可可粉中含有油脂，所以蛋糕的气泡会消失。因此，在这里必须好好地制作质地细致又坚固的气泡。

4 加入熔化的黄油搅拌

将以隔水加热熔化的黄油淋在橡皮刮刀上，加入盆中，分散在全体面糊上面，从盆的底部大幅度地舀起面糊，以切拌的方式搅拌。**Q4**

Q4 熔化的黄油的温度和加入的方式是什么？

A 黄油请熔化至50~60℃后再加入。因为盆中的面糊是冷的，如果将冰冷的黄油加入其中，黄油会不易分散在面糊中。此外，黄油还会沉积在下面，而且油脂具有消泡的性质，所以要用边淋在橡皮刮刀上边分散在面糊上的方式加入。

5 倒入烤盘中，烘烤

将4倒入烤盘中。以抹刀先将面糊铺进4个角落，然后将全体抹平，让厚度一致。以190℃的烤箱烘烤15~20分钟。

※残留在盆底部的面糊不易烤熟，烤出来的成品气孔密实，所以从边缘放入。

烤好之后，从烤盘中取出，放在网架上冷却。将纸覆盖在上面，翻面之后剥除烘焙纸。**Q5**

Q5 以烤盘烤好的蛋糕体，可以不用摔在作业台上吗？

A 不需将烤盘摔在作业台上排除水蒸气的这道程序。因为以烤盘烘烤的面糊，表面积很大又很薄，所以多余的水蒸气会在冷却的过程中自然消散。

方块巧克力蛋糕的完成

❶切除蛋糕边缘，然后切成宽8cm、长27cm的3片。
❷制作可可糖浆。将指定分量的水放入锅中，开中火加热，煮滚后离火，加入细砂糖和可可粉溶解均匀。冷却之后，将①中的每片蛋糕片依序涂上可可糖浆、巧克力甘纳许，然后重叠成3层。表面也以巧克力甘纳许覆盖，放入冷藏室冷藏。
❸淋上镜面巧克力之后，切成3cm的宽度。

杰诺瓦士蛋糕面糊的应用2

热那亚面包面糊

在"杰诺瓦士蛋糕面糊"中加入杏仁粉和黄油，就成了"热那亚面包面糊"。这里不使用杏仁粉，而是改用称为pate damande crue（raw marzipan）的生杏仁膏，制作出风味芳香、质地湿润的常温糕点。"pain de Gênes"为"热那亚的面包"之意，一般都是使用圆形蛋糕模具烘烤。

Pâte à pain de Gênes

热那亚面包 *Pain de Gênes*

材料（直径18cm的圆形蛋糕模具1个）

〈热那亚面包面糊〉

生杏仁膏 **Q1**	··········	250g
全蛋	··········	100g
橙花水（食用）**Q3**	··········	5g
玉米粉	··········	33g
黄油	··········	75g
蛋白霜 蛋白	··········	45g
细砂糖	··········	8g

共计 516g

杏桃果酱	··········	适量
覆面糖衣		
糖粉	··········	80g
水	··········	20g
橙花水（食用）	··········	适量

预先准备

用刷子将软化的黄油（分量外）涂抹在圆形蛋糕模具内侧，撒上杏仁粉（或是以网筛将杰诺瓦士蛋糕过筛而成的碎粒/分量外），再让多余的粉末掉下来。

1 揉拌生杏仁膏

一次取少量的生杏仁膏和全蛋放在干净的作业台上，以在作业台上搓磨的方式混拌，同时用金属制的铲子混拌至均匀。**Q1**

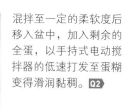

混拌至一定的柔软度后移入盆中，加入剩余的全蛋，以手持式电动搅拌器的低速打发至蛋糊变得滑润黏稠。**Q2**

Q1 生杏仁膏是什么？

A 将泡过滚水再去皮的杏仁和砂糖混合之后，以滚轮碾磨机碾磨而成的膏状物。基本上以杏仁：砂糖=1：1的比例制作。德国的生杏仁膏是以杏仁：砂糖=2：1的比例制作的，所以使用时请调整砂糖的用量。生杏仁膏是"生的"，所以不能直接使用，要与面糊混合之后使用。加入生杏仁膏，可以烤出湿润且风味佳的成品。

Q2 为什么要以低速搅拌？

A 因为慢慢地搅拌，可以打出质地细致的气泡。

要点 *Point*

打发至将蛋糊往上舀起时，会呈现带状缓缓地往下流，在盆中重叠的状态（缎带状➔P.62要点）。

2 加入橙花水和玉米粉搅拌

加入橙花水，以手持式电动搅拌器的中速搅拌之后，再加入玉米粉，然后继续搅拌至看不见粉粒为止。**Q3**

Q3 橙花水是什么?

A 将柳橙的花以水蒸气蒸馏所取得的水，也可以用于芳香疗法等。闻起来有甜甜的香气，但是水本身是没有味道的。购买时请确认是否为可食用的橙花水。

3 加入熔化的黄油搅拌

加入以隔水加热熔化的黄油，搅拌均匀。**Q4**

Q4 熔化的黄油的温度大约是多少?

A 熔化的黄油最好处于50~60℃。如果蛋糊是冷的，黄油会凝固，所以想要搅拌均匀的话，最好提高熔化的温度，分散在全体蛋糕中。

4 加入蛋白霜搅拌

将蛋白放入另一个没有油渍的干净盆中，用打蛋器以打散的方式搅拌之后再打发起泡。打发至全体变成气泡，体积稍微增大一点之后加入细砂糖，然后充分打发至立起尖角。加入*3*之中，以橡皮刮刀充分搅拌。**Q5**

Q5 为什么要充分搅拌?

A 因为这款蛋糕中没有加入面粉，少了面糊的支撑，骨架很脆弱。因此，在这里必须充分地搅拌蛋白霜，消除多余的气泡。如果蛋白霜残留过多的气泡，烤好之后会膨胀过度而造成扁塌。

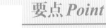

要点 *Point*

充分搅拌至将蛋糊往上舀起时，会呈缎带状（缎带状➡P.62要点）流下来的程度。

5 倒入模具中，烘烤

倒入圆形模具之后，放入180℃的烤箱中烘烤30~35分钟。

要点 *Point*

烤好之后，将竹签插入较慢烤熟的中心部分，确认是否烘烤完成。如果竹签上没有粘黏蛋糊的话就是烘烤完成了。**Q6**

Q6 可以用其他方法来确认烘烤完成吗？

A 用指腹轻轻地按压中心部分的表面。如果有适度的弹性，就是烘烤完成了。

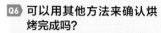

斜拿着模具在作业台上轻轻敲扣，将侧面和底部脱模之后轻轻翻面，然后放在铺着烘焙纸的网架上冷却。

※在作业台上敲扣，可以让侧面的蛋糕体容易脱模。

※在网架上铺烘焙纸，然后直接放上去，烤好的蛋糕体烤焦的部分比较容易剥落。

热那亚面包的完成

❶将加入少量水（分量外）的重新煮干水分的杏桃果酱涂在整个烤好的蛋糕体上面。**Q7**

❷制作覆面糖衣。将指定分量的水一点一点地加入糖粉中，调匀成膏状，再加入橙花水搅拌，涂在①的表面上。

❸以220℃的烤箱加热30秒~1分钟，直到表面变干为止。

Q7 为什么要使用杏桃果酱？

A 因为杏桃果酱的酸味与甜点非常搭配，不会干扰到味道。它是制作甜点时经常会使用到的果酱。

Part 2

结合蛋和黄油制作
而成的面糊

本单元将介绍把黄油、砂糖、蛋、面粉以同等比例混合而成，基本的黄油蛋糕面糊，以及应用这种面糊所制作的甜点。

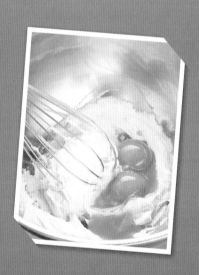

磅蛋糕面糊

黄油 ＋ 砂糖 ＋ 蛋 ＋ 面粉

Pâte à cake

磅蛋糕面糊是将黄油、砂糖、蛋、面粉以1：1：1：1的同等比例混合而成。这款原味的黄油蛋糕，法文称为"Quatre-quarts"。换句话说，就是4种主要材料分别占1/4比例的意思。完全烤熟的磅蛋糕面糊可存放多日，还可以品尝到巧克力和焦糖等不同风味的变化。这里将介绍"糖油法"（➡P.77 Q1）。

磅蛋糕

Quatre-quarts

材料（长20cm×宽7.5cm×高7.5cm的磅蛋糕模具1个）

〈磅蛋糕面糊〉

黄油	150g
糖粉	150g
蛋	150g
低筋面粉	150g
泡打粉	3g

共计603g

磨碎的柠檬皮 ……………1个
香草精 ……………………适量

器具

磅蛋糕模具、刷子、烘焙纸、盆、打蛋器、橡皮刮刀、刮板、烤箱、小刀、竹签、冷却网架

预先准备

·使用刷子将软化的黄油（分量外）涂抹在磅蛋糕模具的内侧，再铺上烘焙纸。
·将低筋面粉和泡打粉混合备用。

1 将黄油搅打成乳霜状

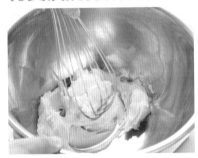

将黄油放入盆中，以打蛋器搅拌。

Q1 **Q2**

要点 *Point*

搅拌至变成乳霜状。

Q1 何谓"糖油法"？

A 这是指先将黄油搅打成乳霜状，再加入砂糖搅拌，让黄油饱含空气，接着加入蛋，最后再将面粉加进去的制作方法。加入蛋的方法有两种，一种是加入全蛋，另一种则是加入蛋黄和蛋白霜（打发后的蛋白）。以后面这种分蛋法制作的磅蛋糕面糊，将在P.84的"栗子磅蛋糕"中介绍。

Q2 使用什么方法将黄油搅打成乳霜状呢？

A 将黄油先切成1cm的厚度，排列在长方形浅盘中，放置在室温下15~30分钟让黄油变软。如果预先准备的时间充裕，可以用这个方法。简便的方法则是使用微波炉加热，每次加热10秒左右，搅拌之后观察状态。如果加热时间不足的话，再加热5~10秒，请以这样的方式一边观察黄油的状态一边加热。

2 加入糖粉搅拌

将磨碎的柠檬皮、香草精和糖粉分成2~3次加入黄油中，以打蛋器搅拌混合。反手倒握打蛋器，充分拌入空气。**Q3**

※一口气加入糖粉搅拌混合，很容易四处飞散。借由砂糖的吸水性，黄油会锁住糖粉，所以比较容易进行作业。

Q3 可以不使用糖粉吗？

A 使用糖粉的理由是它容易溶化。使用细砂糖的话，有时候没有完全溶解的细砂糖会在表面出现粒状，所以如果使用细砂糖的话，请充分搅拌与面糊融合在一起。在日本，因为大家喜欢烤好的蛋糕质地呈湿润的状态，所以比起糖粉，更常使用上白糖制作。

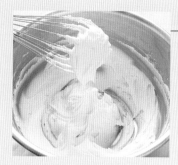

要点 Point

原本为淡黄色的黄油变成白色。充分搅拌，拌入空气至这种状态。

※这种状态称为黄油的乳霜性（→P.10）。**Q4**

Q4 黄油的乳霜性是什么？

A 当黄油在适当的硬度（以磅蛋糕面糊来说，是回复至室温的柔软状态）时予以搅拌的话，具有包覆空气的性质，称之为"乳霜性"。磅蛋糕面糊是运用乳霜性所制作的甜点，打出来的气泡在烤箱中膨胀之后产生柔软的口感。

3 加入打散的蛋液搅拌

将打散的蛋液分成5~6次加入，每次加入时都要充分搅拌，与黄油融合为一体。**Q5**

※混合搅拌均匀，避免黄油（油脂）和蛋产生分离，称为"乳化"。

要点 Point

将蛋一口气加入会产生分离，所以要一点一点加入，每次加入时都搅拌均匀。确认是否如图片所示已充分搅拌均匀。充分搅拌均匀的话，打蛋器会变得有点沉重，必须使出力气搅拌。

Q5 为什么加入蛋之后，产生了分离现象？

A 如果蛋是冰冷的，或是一口气把蛋加进去，有时候会产生分离现象。为了防止分离，使用回复至室温的蛋，或是事先将黄油搅拌成乳霜状是很重要的。如果变得好像要分离了，就加入指定分量的低筋面粉的1/3量左右，吸收水分之后，再将剩余的蛋液加进去。如果直接在已经分离的状态下加入低筋面粉，因为面粉立刻吸收了水分，所以面糊会产生黏性、形成结块，或是无法打出均匀的气泡。

4 加入粉类搅拌

将低筋面粉和泡打粉加入3之中，以橡皮刮刀将低筋面粉搅拌均匀至看不见的状态之后，再更进一步搅拌至面糊出现光泽为止。**Q6**

Q6 为什么要将粉类搅拌至出现光泽为止？

A 磅蛋糕面糊的配方属于高糖油类的配方，油脂和糖粉都很多，所以加入粉类之后轻轻搅拌时，面糊很难产生面筋。如果想制作出可以支撑膨胀蛋糕体的骨架，将面糊搅拌至滑顺有光泽，稍微产生一点面筋，烤好之后较能维持形状不变。

5 倒入模具中，烘烤

以刮板填入模具中，在铺有布巾的作业台上摔几下，排出空气，让面糊变平坦。以180℃的烤箱烘烤大约20分钟。

※烘烤时间仅供参考。经过20分钟左右，观察一下烘烤的状态。如果面糊膨胀，表面形成薄膜就可以了。

6 膨胀之后划出刀痕

表面形成薄膜之后，利用刀子在薄膜上切入，划出刀痕，然后将温度调降至170℃，再烤40分钟。**Q7** **Q8**

用竹签插入需要花较长时间烤熟的中心部分，确认是否烘烤完成。如果竹签上没有粘黏生的面糊就表示完成了。烘烤不足的话，再以烤箱烘烤3~5分钟后，观察烘烤的状态。

脱模之后，侧面朝下，移至网架上冷却。**Q9**

※刚烤好的蛋糕，上半部膨起，呈柔软的状态，所以脱模的时候不要翻面，而是从侧边倒出来。

Q7 为什么要在制作过程中划出刀痕？

A 为了做出好看的裂痕，在表面的薄膜划出刀痕，引导中央隆起之后膨胀起来。不划出刀痕就烘烤的话，裂痕有时会偏向某一边。还有一个方法是在烘烤前，将黄油等在面糊的中央挤成一条线。黄油遇热熔化后会覆盖在面糊上面，由于这个部分烤得硬硬的，原本应该生成的薄膜就不会形成了。这么一来，这里成为水蒸气散出的出口，形成与刀痕一样的效果。虽然多了一道程序，但是即使中途不划出刀痕，蛋糕体还是会有裂痕。

Q8 为什么要调降温度之后再烘烤？

A 最初以180℃烘烤之后，面糊已经隆起至最高处。不过，如果维持这个温度继续烘烤的话，在完全烤熟之前就会烤焦了，所以在隆起至最高处时调降温度之后再烘烤。

Q9 为什么要将侧面朝下冷却呢？

A 因为磅蛋糕模具的高度很高，烤好之后蛋糕体很快就会变软，为了防止被蛋糕体本身的重量压到变形，要将侧面朝下冷却。

磅蛋糕面糊+配料
分蛋打发的糖油法

以P.76~79的面糊为基础，更改做法后做成3种面糊。

水果磅蛋糕

Cake aux fruits

水果磅蛋糕

使用与P.76所介绍的磅蛋糕面糊相同的"糖油法"，并在面糊中加入全蛋的方法制作。虽然在面糊中加了水果干，但水果干却不会沉下去。快来和我一起学习其中的诀窍吧！

柳橙磅蛋糕

在原本有很多黄油的面糊中加入杏仁膏，成为糖油含量更高的配方。将糖渍橙皮加入这种面糊中，制作出柳橙磅蛋糕。

栗子磅蛋糕

以"糖油法"中将蛋分成蛋黄和蛋白霜加入的方法制作栗子磅蛋糕。以分蛋法制作时，先将蛋白打发之后再搅拌，可以拌入更多的空气。

柳橙磅蛋糕
Cake à l'orange

栗子·磅蛋糕
Cake aux marrons

水果磅蛋糕

材料（长20cm、宽7.5cm、高7.5cm的磅蛋糕模具1个）

黄油	……………………………	125g
细砂糖	……………………………	125g
蛋	……………………………	125g
低筋面粉	……………………………	75g
高筋面粉	……………………………	50g
泡打粉	……………………………	3g

共计
1003g

糖渍水果干（或是将糖渍水果干以酒浸渍而成）**Q3** ………… 合计500g

预先准备

・使用刷子将软化的黄油（分量外）涂抹在磅蛋糕模具的内侧，再铺上烘焙纸。

・将低筋面粉、高筋面粉和泡打粉混合备用。

1 将细砂糖加入黄油中搅拌

将黄油放入盆中，以打蛋器搅拌成乳霜状，然后加入细砂糖，以打蛋器搅拌，拌入空气，直到颜色变白。**Q1**

Q1 可以不使用糖粉吗？

A 在制作基本的磅蛋糕面糊时使用糖粉，是因为在材料少的面糊中，砂糖不易溶解。因为不论使用哪一种砂糖都可以制作，所以应用的面糊使用细砂糖来制作。不过，与糖粉相比，细砂糖比较不容易溶解，所以请充分地搅拌。

2 加入打散的蛋液搅拌

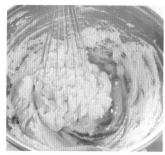

将打散的蛋液分成5~6次加入，每次加入时都要充分搅拌，与黄油融合为一体。

3 加入粉类搅拌

将低筋面粉、高筋面粉和泡打粉加入2之中，用橡皮刮刀以切拌的方式混拌至看不见粉类为止。**Q2**

Q2 为什么要加入高筋面粉？

A 如果将水果加入面糊中，有时候水果会因自身的重量而在烘烤完成时沉到底部。为了防止这种情形发生，加入比低筋面粉还容易出筋的高筋面粉。面筋一旦经过加热就会变硬，形成骨架支撑起面糊。加入高筋面粉之后，面筋变多，加强了面糊的支撑力，让水果可以均匀地散布在面糊中。

4 加入水果干搅拌

看不见粉类之后，加入水果干，与粉类拌匀至看不见的状态之后，进一步混拌至面糊呈现光泽。**Q3**

Q3 加入新鲜的水果也可以吗？

A 因为新鲜的水果会释放出水分，所以直接加入的话，面糊将无法烘烤完成。适合使用的是水果干和糖渍水果。使用糖渍水果时，外围的糖浆要用刀子或刮板清除干净。如果有糖度高的糖浆残留，面糊会不容易烤熟。以酒浸渍时，先将这层糖浆洗掉，效果会更好。

水果的种类和预先处理的方法

这里将介绍这次所使用的水果种类、重量和预先处理的方法，提供给大家参考。

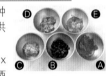

A 糖浆渍毕加罗甜樱桃（Bigarreaux Confits）100g→切成小丁，以红酒浸渍2~3天。

B 糖渍葡萄干100g→将葡萄干以朗姆酒浸渍2~3天。

C 糖渍橙皮100g→切成小丁，以柑曼怡香橙干邑甜酒浸渍2~3天。

D E 糖渍杏桃100g、糖渍柠檬皮100g→以白朗姆酒浸渍2~3天。

5 填入模具中，烘烤

填入模具中，在铺有布巾的作业台上摔几下以排出空气，让面糊变平坦。以180℃的烤箱烘烤约20分钟，待面糊膨胀起来，表面形成薄膜后，用刀子在薄膜上划出刀痕，然后将温度调降至170℃，再烤40分钟。用竹签插入中心部分，如果没有粘黏生的面糊就表示完成了。脱模之后将侧面朝下，移至网架上冷却。

失败 *NG*

加入水果干之后如果搅拌不足，有时水果干会沉在底部。**Q4**

Q4 为什么水果干会沉在底部？

A 因为磅蛋糕面糊的油脂很多，不容易产生面筋，如果搅拌不足的话，无法构筑出足以支撑面糊的骨架，水果干就会沉下去。可以利用充分搅拌，或是为了给面糊一点支撑的力量而将一部分低筋面粉更换成高筋面粉等方法来避免这种现象**Q2**。此外，最好将水果切成小块。

栗子磅蛋糕

材料（长20cm、宽7.5cm、高7.5cm的磅蛋糕模具1个）

黄油	125g
细砂糖	55g
蛋黄	55g
栗子奶油	65g
淡奶油（乳脂肪含量47%）	55g
蛋白霜 蛋白	75g
细砂糖	40g
低筋面粉	160g
糖渍栗子（切成粗末）	125g

共计755g

酒糖浆		
糖浆	细砂糖	15g
	水	15g
白兰地		15g
朗姆酒		15g

预先准备

· 使用刷子将软化的黄油（分量外）涂抹在磅蛋糕模具的内侧，再铺上烘焙纸。

· 将淡奶油回复至室温备用。

1 将细砂糖、蛋黄加入黄油中搅拌

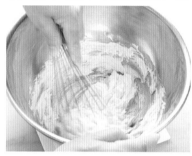

将黄油搅拌成乳霜状后，加入细砂糖（55g）。以打蛋器搅拌，拌入空气，直到颜色变白，加入蛋黄之后继续搅拌。**Q1**

Q1 分蛋法是什么？

A 分蛋法是将蛋分成蛋黄和蛋白之后分别打发起泡，或是只将蛋白打发起泡后混合在一起的方法。借着利用蛋的起泡性（➡P.6）的方法，面糊的膨胀度会变得很好。因为这款面糊当中没有加入泡打粉，所以不只黄油包覆着空气，还加入蛋白霜，让面糊包含空气。

2 加入栗子奶油搅拌

加入栗子奶油搅拌。

3 加入淡奶油搅拌

将淡奶油分成2~3次，逐次少量地加进去。**Q2**

Q2 为什么淡奶油要回复至室温？

A 因为一旦加入冰冷的淡奶油，黄油变冷就会变硬，蛋糊全体会变得很难搅拌。

加入淡奶油后，以黄油为基底的蛋糕便会在盆中滑动，这时用打蛋器切得零零碎碎的。如果变成漂亮的乳霜状就是已经乳化了，接着再加入淡奶油，每次加入时都要搅拌均匀。

4 加入蛋白霜搅拌

将蛋白放入另一个没有油渍的干净盆中，用打蛋器以打散的方式搅拌之后再打发起泡。加入细砂糖（40g），制作出蓬松的蛋白霜，取半量加入3之中，以橡皮刮刀大幅度翻拌。**Q3**

※ 所谓蓬松的蛋白霜，是以蛋白霜的尖角呈微微下垂的状态为准。

Q3 蛋白霜具有什么功用？

A 加入蛋白霜有助于面糊的膨胀。因此，在这款面糊中不用加入泡打粉。

5 加入低筋面粉搅拌

加入半量的低筋面粉，从盆的底部大幅度地舀起，同时大幅度地翻拌。剩余的蛋白霜和低筋面粉也以同样的方式加入，混拌至看不见面粉为止。**Q4**

Q4 为什么分成2次交替加入蛋白霜和低筋面粉？

A 因为分成2次交替加入蛋白霜和低筋面粉，比较容易拌匀，也不容易产生分离现象。而且，蛋白霜的气泡也变得不易压碎。

6 加入糖渍栗子搅拌

加入切成粗末的糖渍栗子，混合搅拌至面糊出现光泽。

7 填入模具中，烘烤

以刮板填入模具中，在铺有布巾的作业台上摔几下，排出空气，让面糊变平坦。

以180℃的烤箱烘烤大约20分钟。待面糊膨胀，表面形成薄膜之后，利用刀子在薄膜上划出刀痕，然后将温度调降至170℃，再烤40分钟。**Q5**

Q5 没有磅蛋糕模具，分成小份烤成小型蛋糕时，烤箱的温度也相同吗？

A 因为体积变少了，将温度稍微调高，在短时间之内烘烤，可以烤出质地湿润的蛋糕。虽然还需依据内容量或模具等调整，但是请以180~190℃试烤看看。可以观察烘烤的状态时间稍微缩短一点。

8 涂抹酒糖浆，冷却

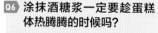

用竹签插入中心部分，如果没有粘黏生的面糊就表示完成了。脱模之后将侧面朝下，移至网架上。趁着蛋糕体热腾腾的时候，全面涂上酒糖浆。

※酒糖浆是将细砂糖和水加热至快要沸腾，待细砂糖溶解之后移入盆中放凉，然后与酒类混合而成。**Q6**

为了防止干燥，以保鲜膜包起来，让它冷却。

Q6 涂抹酒糖浆一定要趁蛋糕体热腾腾的时候吗？

A 趁蛋糕体热腾腾的时候涂抹，酒糖浆比较容易渗入蛋糕体中，所以请在刚烤好的时候涂抹。而且不只涂抹上面而已，侧面和底面也都要涂抹。

柳橙磅蛋糕

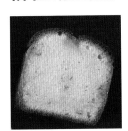

材料（长20cm、宽7.5cm、高7.5cm的磅蛋糕模具1个）

生杏仁膏 **Q1**	190g
黄油	160g
细砂糖	60g
蛋黄	80g
全蛋	80g
低筋面粉	105g
泡打粉	2g
糖渍橙皮	65g
柑曼怡香橙干邑甜酒	15g

共计
757g

酒糖浆

糖浆	细砂糖	25g
	水	25g
柑曼怡香橙干邑甜酒		25g

预先准备

使用刷子将软化的黄油（分量外）涂抹在磅蛋糕模具的内侧，再放入符合模具底面大小的市售厚纸板，然后铺上烘焙纸。**Q4**

1 揉拌生杏仁膏

将生杏仁膏和指定分量的黄油放在干净的作业台上。逐次分别取少量的生杏仁膏和黄油，用金属制的铲子以搓磨的方式推开来，混拌至没有结块为止。

Q1 生杏仁膏是什么？

A 英文名称为raw marzipan。将泡过滚水再去皮的杏仁和砂糖混合之后，以滚轮碾磨机碾磨而成的膏状物。基本上以杏仁：砂糖=1：1的比例制作。德国的生杏仁膏是以杏仁：砂糖=2：1的比例制作的，所以使用的时候请调整砂糖的用量。

移入盆中，加入细砂糖，以打蛋器研磨搅拌至颜色变白（略带米色的白）。

※反手倒握打蛋器，以拇指在上的方式握持打蛋器，比较容易发力。

2 加入打散的蛋液搅拌

将蛋黄分为2次加入搅拌，打散成蛋液的全蛋则分成3次加入，每次加入时都要充分搅拌，使之乳化。**Q2**

Q2 为什么蛋黄和全蛋两者都要加入？

A 因为加入蛋黄可以在面糊中增添蛋黄的醇厚风味。

3 加入粉类搅拌

将低筋面粉、泡打粉加入 2 之中，以橡皮刮刀搅拌混合至看不见粉类为止。

4 搅拌面糊和糖渍橙皮

取一部分面糊，加入糖渍橙皮（切成碎末之后与柑曼怡香橙干邑甜酒混合在一起）中搅拌。然后将它加在剩余的面糊中，搅拌混合至出现光泽。**Q3**

Q3 为什么要先将糖渍橙皮与一部分面糊拌匀？

A 切碎的糖渍橙皮肥厚饱满且有黏性，如果直接加入面糊中，不易拌匀。先以一部分面糊稀释之后再加入，就很容易拌匀了。

5 填入模具中，烘烤

填入模具中，在铺有布巾的作业台上摔几下，排出空气，让面糊变平坦。以180℃的烤箱烘烤大约20分钟，待面糊膨胀，表面形成薄膜之后，以刀子在薄膜上划出刀痕，然后将温度调降至170℃，再烤40分钟。用竹签插入中心部分，如果没有粘黏生的面糊就表示完成了。脱模之后将侧面朝下，移至网架上。**Q4**

6 涂抹酒糖浆，冷却

趁着蛋糕体热腾腾的时候，全面涂上酒糖浆。为了防止干燥，以保鲜膜包起来，让它冷却。

※酒糖浆是将细砂糖和水加热至快要沸腾，待细砂糖溶解之后移入盆中放凉，然后与酒类混合而成。

※趁蛋糕体热腾腾的时候涂抹，酒糖浆比较容易渗入蛋糕体中。

Q4 为什么底部总是会烤焦？

A 磅蛋糕是放入烤箱烘烤的时间比较久的甜点。虽然上部可以用眼睛观察确认，但是底部如果不脱模的话就看不见。尤其是柳橙磅蛋糕，因为糖分多，所以依照规定的温度烤好之后，底部很容易烤焦。必须要注意底部的烤色，以表面、侧面、底面的烤色相同为理想的状态，如果底面的烤色太深的话，可以在模具的底面铺上一张厚纸再烘烤，就可以烤出令人满意的烤色了。

磅蛋糕面糊的应用2

磅蛋糕面糊+焦香奶油

费南雪蛋糕是使用大量熔化的（煮焦的）黄油制作而成的。原本费南雪蛋糕并非归为磅蛋糕类，但是因为加入了大量的黄油，所以这里当作磅蛋糕面糊的应用来介绍。焦香黄油香浓的风味，与口感湿润的蛋糕体非常契合。

费南雪蛋糕

Financier

（8.5cm×4.5cm的费南雪模具12个）

蛋白	··············	100g
细砂糖	·············	100g
蜂蜜	··············	20g
杏仁粉	·············	40g
低筋面粉	··········	40g
黄油	··············	100g

共计
400g

预先准备

· 使用刷子将软化的黄油
（分量外）涂抹在模具的
内侧。

· 将杏仁粉和低筋面粉混
合备用。

1 将蛋白打散

以打蛋器打散蛋白，切
断稠状连结。

※ 将黏稠的部分打散，
使蛋白呈均匀的状态。

2 加入细砂糖和蜂蜜搅拌

加入细砂糖和蜂蜜搅拌
混合。 Q1

Q1 为什么要使用蜂蜜？

A 因为加入蜂蜜会使蛋糕体变
得湿润，而且风味也会更
好。蜂蜜被称为天然的转化
糖。转化糖的特性是吸湿性
佳，可使质地湿润、甜味浓
烈、非常容易烤上色（烤色会
变深）。虽然只加细砂糖也
可以，但是如果以湿润状态、
风味等方面来评断，加入蜂蜜
和没有加入蜂蜜的蛋糕体，
两者之间有明显的差异。

3 加入粉类搅拌

将杏仁粉和低筋面粉混
合之后加入其中，充分
搅拌均匀。

充分搅拌至面糊出现光泽，变成滑顺的状态。
Q2

Q2 为什么在这里要充分搅拌？

A 因为在这个步骤之后要加入大量的黄油。在这里必须搅拌均匀，让面糊紧密连结在一起。

4 制作焦香黄油

将黄油放入锅中，以中火加热。渐渐变成带点褐色的细小气泡，看不见底部。

一边搅拌一边加热至黄油的颜色变成焦褐色为止（因为温度变得非常高，要小心烫伤）。
Q3

※一开始会嗞嗞作响，黄油里的水分会发出爆裂的声音。在发出声音的期间，黄油不会煮焦。声音消失时，就表示气泡变得细小，颜色也变成焦色了。

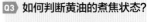

Q3 如何判断黄油的煮焦状态？

A 黄油熔化且温度上升之后，里面的水分会迸发出来，表面则出现气泡。一开始是大气泡，慢慢变小，这就表示黄油要开始煮焦了。请避开气泡以免烫伤，用汤匙舀取黄油，查看液体的颜色。变成很深的焦褐色之后，将锅底浸泡在水中，防止黄油的焦化过程持续加深。

移离炉火，将锅底浸泡在装水的盆中，让余热散尽。

以网孔细小的滤筛进行过滤。

※焦香黄油虽然也可未经过滤就使用，但是因为有煮焦的细渣，所以最好要过滤。

5 将焦香黄油加入面糊中搅拌

将焦香黄油加入*3*之中搅拌均匀。Q4

Q4 加入焦香黄油的时候，可以不用沿着橡皮刮刀倒入吗？

A 因为这里并不是含有空气的面糊，所以不用担心加入黄油会使面糊消泡。可以照平常的方式加入。当然，沿着橡皮刮刀倒入也没关系。

6 挤入模具中，烘烤

将面糊倒入挤花袋中，用剪刀在挤花袋的前端剪出直径3~5mm的切口。挤入费南雪模具中至九分满。

※将挤花袋套在高一点的杯子里面，因为很稳固，所以面糊比较容易倒入。

以200℃的烤箱烘烤大约20分钟。烤好之后脱模，最好底面也充分烤上色。将底面朝上放置，放凉。

※因为直径烘烤的那一面是干燥的，所以要翻面让它变湿润。而且，烘烤的那一面也会变得平坦。翻过来的底面则会成为费南雪蛋糕的表面。

Part 3

以面粉为主体的
基本面团/面糊

本单元将为大家介绍在面粉之中加入黄油、水和蛋等
搅拌所制作出来的5种基本面团/面糊和使用这种面
团/面糊所制作的甜点，以及应用基本面团/面糊的做
法制作而成的面团/面糊和甜点。

千层派皮面团

Pâte feuilletée

面粉 ＋ 黄油 ＋ 盐 ＋ 水

千层派皮面团的法文为Pâte Feuiletée。所谓千层派皮，是指借由将面团层层叠叠的作业，以用面粉揉制而成的包覆面团包住黄油，擀薄之后折叠起来，让包覆面团层和黄油层相互交叠。烘烤完成时会分离成好几层薄片状的层次，成为易碎而酥脆的派皮。为了让包覆面团和黄油的延展程度相当，温度和作业的速度很重要。

材料（基本分量）

〈千层派皮面团〉

包覆面团

低筋面粉	………	125g
高筋面粉	………	125g
黄油	………	25g
盐	………	5g
水	………	115g
葡萄酒醋（也可使用谷物醋、		
苹果醋等代替）………		10g
黄油	………	175g

共计 580g

高筋面粉（手粉）………… 适量

器具

盆、打蛋器、刮板（2片为佳）、刀、塑料袋、擀面杖、刷子、派皮滚轮针（没有的话使用叉子）、烤盘、冷却网架、烤箱

预先准备

· 将低筋面粉和高筋面粉混合之后，放入冷藏室冷藏备用。**Q1**

· 将黄油放入冷藏室冷藏备用。

1 将盐、水、葡萄酒醋混合

将盐、水、葡萄酒醋放入盆中，再放入冷藏室冷藏备用。**Q2**

2 将粉类和奶油混合

将事先冷藏备用的粉类放入盆中，再放上冰凉的黄油（25g），一边将切开的黄油切面裹满粉类，一边以刮板（2片为佳）将黄油切碎成细小的颗粒。**Q3**

※放入黄油可以减弱包覆面团的弹性和黏性（抑制面筋的生成），让面团可以延展扩大得更好。

要点 *Point*

最好将黄油切碎成红豆颗粒一般的大小。如果有大一点的颗粒，就以手指捏起来弄碎。

Q1 为什么低筋面粉和高筋面粉要冷藏备用？

A 将所有的材料冷藏备用，可以在相同的条件之下完成作业，让完成的状态毫无改变地做出成品。

Q2 葡萄酒醋和盐的功用是什么？

A 搓揉面团时所形成的面筋，是由面粉和蛋白质中所含的麦谷蛋白和谷胶蛋白所构成的。麦谷蛋白具有易溶于酸的性质，加入醋之类的酸可以软化面筋，使面团变得更容易延展，于是，很容易做出层次，成为层次分离状况良好的派皮。如果没有醋的话，请补足同量的水。加盐的理由是：①在面团中加点咸味，味道更好。②具有增加包覆面团的黏性，或稍微强化弹性的效果，因此可以将包覆面团擀得很薄。

Q3 使用高筋面粉和低筋面粉的理由是什么？

A 为了充分发挥两者的优点。高筋面粉具有使层次漂亮分离的功用，但是烤出来的口感会变硬。低筋面粉则是层次分离的状况不佳，但是可以做出酥松易碎的派皮。高筋面粉和低筋面粉分量的比例，是以烤好的派皮为构想调配而成的，如果粉类的比例有太大的改变，面团会变得不容易制作。

3 加入1之后搅拌

将事先冷藏备用的1加入盆中，以手大略混拌，让粉类吸收水分。在这个时候，先不要将面团揉成一整块，最好是零零碎碎的，盆的底部还残留着尚未拌匀的粉类的状态。

拌匀至某个程度后，用刮板将面团一点一点地压切至盆的另一侧，集中成一团，让全体都吸收到水分。

4 取出，放在作业台上揉成团

从盆中取出，置于作业台上，以与3同样的做法，一边用刮板压切至另一侧，一边混拌。**Q4**

Q4 为什么拌匀至某个程度之后，要用刮板混拌？

A 使用刮板混拌是为了防止揉搓过度。

Q5 有没有什么方法可以简化到此为止的程序？

混拌至看不见粉类，面团聚集成一团之后，以手轻轻搓揉面团。轻轻揉整的目的是避免搓揉过度。**Q5**

A 使用食物调理机制作会比较简便。将材料中的低筋面粉、高筋面粉和黄油放入食物调理机里，搅拌成干松的颗粒状。这是以手进行的2的状态。在这之后，将事先混合备用的盐、水、葡萄酒醋加入，然后搅拌成团。这样就完成了。

Part3
以面粉为主体的基本面团／面糊 1 ＊千层派皮面团

将面团揉圆，接合处朝向底部的位置，表面圆滚饱满。这时面团的表面还不是光滑的。呈现有点不光滑的粗糙状态也没关系。**Q6**

Q6 为什么接合处要集中在底部？

A 将接合处集中在底部，是因为接下来擀薄的时候，面团才不会分开或是出现裂纹，可以擀得很漂亮。进行这项作业的时候，如图片所示，表面要呈现圆滚饱满的状态。

拢整成一团的样子。以手指按压，确认弹性。如果手指的痕迹呈现慢慢恢复原状的状态就完成制作了。这颗面团称为"包覆面团"。

以刀子划出"十"字形的刀痕。**Q7**

Q7 为什么要划出"十"字形的刀痕？

A 因为面团的上部撑起呈半球状，为了让这个部分能够松弛，所以划出刀痕。

5 将包覆面团放在冷藏室里静置

将包覆面团装入塑料袋中，放入冷藏室静置1小时。

※借由静置的过程，减弱已形成的面筋的黏性和弹性，以方便作业。

Q8

Q8 为什么一定要减弱面筋的力量？

A 面筋具有黏性和弹性，可以在折叠派皮面团时延展得很薄，制作出层次。不过，折叠派皮面团的包覆面团和黄油如果没有相同的延展性，就做不出漂亮的层次。一旦面筋释放出过多的黏性，包覆面团便无法顺利地延展，如果硬是要将它擀薄，有时黄油会戳破包覆面团跑出来。

6 将黄油擀薄

将手粉撒在作业台上，放上黄油（175g），也在黄油的上方撒手粉。**Q9**

以擀面杖敲打黄油。首先由正中央往外敲打，往左右两边延展。翻面之后，以同样的方式再做一次。**Q10**

擀成约30cm的长度之后，折成3折。

※在折叠之前，要以刷子将多余的手粉清理干净。在这之后，折叠的时候要常常清理多余的手粉。

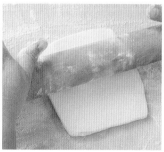

翻面，敲打全体之后，滚动擀面杖将黄油慢慢擀薄。首先朝上下滚动擀薄之后，将黄油旋转90°，然后同样地朝上下擀薄。反复操作，塑形为边长15cm的正方形。

Q9 黄油是否在使用之前都放在冷藏室内比较好？

A 因为成形在某种程度上相当花时间，所以黄油在使用之前都要冷藏备用。

Q10 为什么要以擀面杖敲打黄油？

A 如果就这样放着备用，黄油会从外侧开始升高温度而变软，内侧则还是保持坚硬。为了防止这种情形发生，所以用擀面杖敲打，让黄油内侧和外侧的硬度一致。黄油如果放置在室温中一阵子，以手指按压时会凹陷或是变形，具有这种称为"可塑性"的特性（➡P.10），以擀面杖敲打是为了制造出可塑性的状态。

7 以包覆面团包住黄油

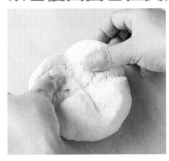

将5的包覆面团从冷藏室取出，放置在作业台上，从划出刀痕处剥开，扩展成四方形。

※从划出刀痕处扩展，可以轻易地展开，方便做出四方形。

将擀面杖放在面团靠近身体的这一侧，顺向往远离的那一侧滚动，将面团擀开。擀开至某个程度后朝上下擀薄，旋转90°之后同样朝上下擀薄。反复操作，塑形为边长20cm的正方形。

在包覆面团的上面，将在做法6中擀薄的黄油错开45°放置。将面团的4个角往面团的中央包住黄油，在中央捏住接合处，使其牢牢地黏合。

※包覆的时候，如果黄油变得太软，不要勉强包起来，将黄油再放入冷藏室冷藏。

抓起包覆面团，从下方拉出来包住黄油的4个角。三角形的侧边都是一边以手指捏住一边接合起来，让黄油不会露出来。

8 擀薄面团后折成3折，进行2次

将手粉撒在作业台上，然后把面团的接合处朝上，放置在作业台上。以擀面杖在整个面团上推压，让黄油和面团融合在一起。

※充分撒上手粉，以免面团粘在作业台上。不过，手粉是配方之外的粉，所以要以刷子清除多余的粉。

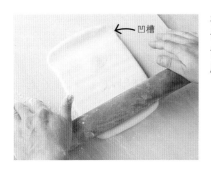

← 凹槽

在面团靠近身体的这一侧以及远离身体的另一侧，以擀面杖从上方按压，压出凹槽。**Q11**

Q11 凹槽的功用是什么？

A 以擀面杖擀薄面团的时候，为了避免黄油从面团里面挤出来，压出凹槽可以防止黄油溢出。

将擀面杖从面团的中央滚动到两端有凹槽处为止。擀薄至某个程度之后，将边端的部分由外往内擀薄。4个角的部分则是将擀面杖成45°斜着放置，由内往外滚动，擀出棱角。最后擀成15cm×45cm的长方形（长度为宽度的3倍）。**Q12**

Q12 在擀薄的过程中有空气跑进去了，可以就这样继续进行作业吗？

A 如果有空气跑进去了，请以小刀刺破面皮，排出空气。

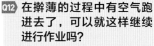

折成3折（第1次）。轻轻滚动擀面杖，让面皮紧密贴合。

※如果感觉到面团变软，即使只是稍微变软，也要放入冷藏室冷藏回硬。

※因为面筋的作用，第1次擀薄的方向已无法延展，所以要改变方向。这一点也适用于放在冷藏室静置之后的作业。换句话说，放置在作业台上的时候，通常是将有折叠层次的那侧放在靠近身体的位置。

撒上手粉，将面团旋转90°，然后在靠近身体的这一侧和远离身体的另一侧压出凹槽。将擀面杖从面团的中央滚动到两端有凹槽处为止，擀薄至某个程度之后，将边端的部分由外往内擀薄。4个角的部分则是将擀面杖成45°斜着放置，由内往外滚动，擀出棱角。最后，擀成15cm×45cm的长方形（长度为宽度的3倍）。

折成3折（第2次）。在面团的边缘按出2个指痕。这是折成3折已经做了2次的记号。

Q13 折成3折做了2次之后为什么一定要静置呢？

A 擀薄面团就如同揉面团一样，会对面团造成负担，增强面筋的黏性和弹性。在折成3折已经做了2次的时候，因为纵向和横向都分别擀薄了，所以就算想再多擀薄几次，也会因收缩的力量发生作用，而无法顺利地延展。因此，要暂时放在冷藏室里静置一段时间。此外，还可将已经变软的黄油冷藏。不过，折叠的次数较少（1~2次）的时候，如果花2小时以上长时间静置，黄油会变得太硬，接下来在擀薄时，只有包覆面团会延展开来，黄油则会裂开，请多加留意。

9 将面团放在冷藏室里静置

包在塑料袋中，放在冷藏室里静置1小时。
Q13

10 擀薄面团之后，折成3折再进行4次

反复操作8（第3、4次）。在面团的边缘按出4个指痕，然后包在塑料袋中，放在冷藏室静置1小时。

※这个折成3折的作业进行到第4次以后，面团就可以冷冻了。Q14

Q14 冷冻时要用什么方法？

A 装入塑料袋中（或是以保鲜膜包覆），避免表面干燥之后，就可以冷冻了。在要使用的前一天移至冷藏室，让面团冷藏解冻。

反复操作8（第5、6次），在面团的边缘按出6个指痕，然后包在塑料袋中，放在冷藏室静置1小时。至此，面团就完成了。**Q15**

失败 *NG*

随着折成3折的次数增加，黄油层会变薄，所以如果缓慢地进行作业，黄油会熔化流出。此时，不要勉强继续进行，要放入冷藏室里让黄油冷藏凝固。

Q15 为什么折成3折要操作6次？

A 折成3折做6次的话，理论上包覆面团的层次会变成730层。包覆面团的层次变得如此细致时，食用时会感觉酥脆易碎，也可以清楚知道派皮形成层状。如果折叠的次数很少，层次会变得不明显，派皮会变硬。相反，折叠的次数太多时，包覆面团层和黄油层融合在一起，派皮的膨起状况会变差。

11 擀薄面团

在已经静置完成的面团上，以刀背在对角线的位置做标号，然后将刀子切入中心处，切成一半。借由体重由正上方往下压，用擀面杖朝上下擀薄，旋转90°之后以同样的方式擀薄。4个角的部分则是将擀面杖成45°斜着放置，由内往外滚动，擀出棱角。**Q16**

Q16 擀薄的作业结束时，厚度大约为多少？

A 厚度约为2mm。

面皮的面积变大之后，卷在擀面杖上再旋转角度。擀薄的面皮很柔软且容易变形，所以卷在擀面杖上时尽可能不要触碰到面皮。最后擀成边长约30cm的正方形。

12 戳洞之后静置

在整张面皮上面，以派皮滚轮针由中心往上下对称地滚动，戳洞。放在冷藏室里静置约1小时。**Q17** **Q18**

※在派皮滚轮针滚动时，面皮因被拉扯而造成收缩，因为只朝着一个方向滚动，面皮会歪斜变形，所以要平均戳洞。

Q17 剩余的面团要如何保存？

A 剩余的面团以保鲜膜包好，装入塑料袋中，可以的话放在平坦的地方冷冻保存。

Q18 为什么要戳洞？不戳洞的话会怎么样？

A 所谓戳洞，是指在千层派皮面团、酥脆挞皮面团和甜挞皮面团等上面，以派皮滚轮针或叉子戳刺开孔的作业。因为戳洞会形成水蒸气消散的途径，所以可以防止面皮膨胀过度，而且会膨胀得很均匀（图片右）。如果不戳洞的话，面皮会膨胀得很大，形状会变得不好看（图片左）。

13 烘烤

放在烤盘上，为了避免面皮过度膨胀，以网架等器具（烤盘也可以）当作重石放置在上面，以200℃的烤箱烘烤，合计大约烘烤30分钟。**Q19** **Q20**

烘烤约20分钟，呈现出烤色之后，取下冷却网架，将烤盘的前后位置调换，再烤约10分钟。迅速插入刀子，如果发出轻微的碎裂声就是烘烤完成了。

※在烘烤的过程中翻面，让原本接触烤盘的那面朝上，可以防止烤好的派皮翘起来。

Q19 为什么烘烤的时候要放上重石？

A 主要是在烘烤成板状的时候，面皮膨起的高度一致时，甜点比较容易组合。放置重石的时间点有两个，一是在开始烘烤时就放置重石，另一个则是在面皮还没有烤上色的状态下，已经膨胀至某个程度时放置重石。如果是后者，放置重石的时候会冒出蒸汽，所以请从靠近身体这一侧开始放置以免烫伤。这么一来，蒸汽就会往烤箱内部冒，而不会朝自己这边冒。

Q20 烘烤时需要注意什么？

A 为了让面皮膨起，最好以高温（200℃）烘烤。如果面皮很厚的话，为了能充分烘烤到里层，有时中途要调降温度后再烘烤。

千层派

酥酥脆脆的口感和充满黄油浓郁香气的派皮夹着奶油酱，这是使用千层派皮面团制作的代表甜点。千层派的面皮要放上重石之后再烘烤，抑制面皮的膨胀程度，使面皮膨起的高度一致，如此一来就可以轻松地组合起来。

Mille-feuille

材料（宽8cm、长25cm的成品1个）
千层派皮面团（➡P.94）　…制作基本分量，使用1/2量
外交官奶油（➡P.165）……………………………350g
糖粉　………………………………………………适量

做法

1 烘烤千层派皮面团，切成宽度8cm。这样的
派皮要准备3片。其余的派皮切碎，制作成
派皮碎屑。

2 将在*1*中切好的千层派皮面团，取1片涂上厚
1cm的外交官奶油，再叠上1片。然后在上
面也涂上相同厚度的外交官奶油，再叠上派
皮。在长边的侧面也涂上外交官奶油，裹满
派皮碎屑之后放入冷藏室冷藏。

※侧面的部分，一边将中间夹入的外交官奶油溢
出的部分抹开推平，一边添加新的外交官奶油涂
抹上去。

3 将*2*切成8cm×3.5cm的大小，在上面的派
皮中央放上约3cm宽的纸，再将糖粉撒在表
面，制作花纹。

专栏 *Column*

一千片叶子的蛋糕"千层派"

千层派的法文名称Mille-feuille中的mille是"千"
的意思，feuille是"叶子"的意思，直译为"一千
片叶子"。一般认为，因为薄薄的派皮重叠了好几
层，口感酥酥脆脆，所以才取了这个名字。可以在
中间夹入草莓，或者是组合之后在未完成的情况
下，将切成1人份的千层派和奶油酱重叠在一起，
营造出甜点风格，借由种种巧思设计，制作出变化
款千层派。

甜派皮

Feuilletage sucré

棕榈叶酥

将烤好之后的形状变成心形、小巧可爱的甜点。据说，这个形状象征椰子叶长得十分茂盛的样子。

覆盆子千层酥饼

将面皮重叠，纵向切开烘烤之后会往横向变宽。中间夹入有着清爽酸味的覆盆子果酱，再撒上糖粉就完成了。

Palmier

Paillette framboise

"甜派皮"是从千层派皮面团折成3折的第5次开始，以砂糖代替手粉折叠起来，成形时做成各种形状，然后烘烤而成。因为折进了大量的砂糖烘烤，充分将表面烤焦，甜中带着微苦的味道，口感也变得更好。烤制时只花少许时间的话，烤好的甜点很容易受潮，所以湿度低的时节比较适合进行作业。在此将介绍4种甜派皮点心。

蝴蝶酥

将面皮的中央扭转之后烘烤，烤好时会延展开来。因为这个形状与蝴蝶相似，所以在法文中称为papillon，即蝴蝶的意思。

千层酥卷

"千层酥卷"与其他的甜点不同，揉入砂糖的面皮未经擀平，而是维持原状烘烤而成。因此，可以享受到与其他3种甜点截然不同的口感。

Papillon

Sacristain

材料（基本分量）

千层派皮面团（➡P.94）… 基本分量×2次份
细砂糖 ……………………… 约150g
水 ………………………………… 适量
覆盆子果酱 …………………… 适量
糖粉 ……………………………… 适量

1 擀薄面团

与P.95~101的做法相同，制作到折成3折的第4次为止。第5、6次时则改以细砂糖代替手粉，然后将面团擀薄。**Q1**

Q1 为什么要使用细砂糖?

A 因为细砂糖的结晶很大，具有粗糙感，所以很容易嵌入面团中，紧紧黏附在面团上。

在作业的过程中，也要一边撒上适量的细砂糖，一边擀成15cm×45cm的长方形，在做了第6次的折成3折之后，放入冷藏室静置1小时。**Q2**

Q2 折进砂糖的面团可以放入冷藏室保存吗?

A 不行。因为折进了砂糖，所以砂糖吸收包覆面团的水分之后，会变成像糖浆一样，从面团中流出来。请在烤制当天折进砂糖。

将基本分量2次份的甜派皮分别切成一半，制作4种甜点。

※完成4个切口如图片一般的面团。

2 进行棕榈叶酥的面团塑形

将面团放在作业台上，以细砂糖代替手粉撒上后，擀成15cm×40cm的大小，然后放在冷藏室静置一下。以喷雾器在表面喷上水雾，为了能折成左右均等的宽度，先将40cm的长度折成2折，折出折痕。摊开折成一半的面皮，恢复原来的形状，然后各从左右两边往中间的折痕折入，每次折入1/3的宽度。

※喷上水雾可以让面皮粘在一起。也可以用刷子涂上薄薄的一层水。

折到中间之后，以喷雾器在表面喷上水雾，然后再折成一半。

从一边开始切成1cm的宽度，在切口沾裹细砂糖，然后将切口朝下，交错排列在烤盘上。

※因为烘烤时会延展开来，所以要交错排列，以免碰在一起。

3 烘烤棕榈叶酥

以200℃的烤箱烘烤。大约10分钟，面皮延展开来之后，以2个金属制的铲子由左右夹住，调整形状。再烤5~10分钟，彻底烤上色之后翻面，烤到两面都上色。移至网架上冷却。**Q3**

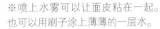

Q3 底面烘烤完成的标准是什么？

A 以粘黏在烤盘上的砂糖熔化变色为标准，以金属制的铲子夹起来（或是翻面），确认烤色。如果已经烤上色，就可以翻面了。

4 进行覆盆子千层酥饼的面团塑形

将面团放在作业台上，以细砂糖代替手粉撒上后，擀成27cm×15cm的大小。放在冷藏室静置一下。将27cm的长边平均分成3份（制成15cm长、9cm宽的面皮3片）。

将3片之中的2片以喷雾器喷上水雾，再将有水雾的那面朝上，2片相叠。叠上最后一片面皮，从一边开始以刀子切成1cm的宽度，在切口沾裹细砂糖，然后将切口朝下，排列在烤盘上。

※ 因为烘烤时会往旁边延展，所以排列时要拉开距离，多出来的面皮留待第2次烘烤。

5 烘烤覆盆子千层酥饼

以200℃的烤箱烘烤。大约10分钟，面皮延展之后，以2个金属制的铲子夹住，调整形状。再烤5~10分钟，待底面烤上色之后翻面，烤到两面都上色。移至网架上冷却。以2片为1组夹入覆盆子果酱，再撒上糖粉。**Q4**

Q4 为什么切口要朝下？

A 因为烤好的时候派皮会往旁边延展，这样便于塑造出形状。

6 进行蝴蝶酥的面团塑形

将面团放在作业台上，以细砂糖代替手粉撒上后，擀成27cm×15cm的大小，然后放在冷藏室静置一下。将27cm的长边平均分成3份（制成15cm长、9cm宽的面皮3片）。将3片之中的2片以喷雾器喷上水雾，再将有水雾的那面朝上，2片相叠。叠上最后一片面皮之后，以长筷子在中央压出凹痕，然后从一边开始切成1cm的宽度。

将有凹痕的地方扭转，再将切口沾裹细砂糖。将切口朝下，排列在烤盘上。

7 烘烤蝴蝶酥

以200℃的烤箱烘烤大约10分钟，面皮延展之后，利用金属制的铲子从上方按压面皮。再烤5~10分钟，待底面烤上色后翻面，烤到两面都上色。移至网架上冷却。**Q5**

Q5 最好按压到什么程度？

A 以金属制的铲子按住面皮，按压至面皮变得平坦即可。

8 进行千层酥卷的面团塑形

将面团放在作业台上，以细砂糖代替手粉撒上后，擀成20cm×30cm的大小，然后放在冷藏室静置一下。从20cm长的这一边开始切成1cm宽的长条状，在作业台上撒上细砂糖代替手粉，然后在作业台上扭转切好的面皮。

※紧紧地扭转至毫无空隙为止。

9 烘烤千层酥卷

放在烤盘上，为了避免烘烤过程中扭转的面皮回复原状，将面皮的两端按压在烤盘上固定，以180℃的烤箱烘烤约25分钟。

※千层酥卷不需要翻面，直接烘烤至全部都烤上色。**Q6**

Q6 为什么千层酥卷不需要翻面？

A 因为千层酥卷呈长条状，而且是以扭转的方式塑形，所以接触烤盘的面积很小，不太会有烘烤不均匀的情况发生。

千层派皮面团的活用范例1

将面皮重叠之后使用

法文名称Vol-au-vent，直译为"乘风飞翔"。轻轻膨起的派，好似能在风中飞舞的样子，因而取了这个名称。将2片千层派皮面团重叠成厚厚的层次，再以金属制的专用模具切取千层派皮面团之后烘烤。烤至高高膨起的时候，切下当成盖子的部分，然后继续充分地烘烤，将盒子的内侧也烤熟。填入奶油酱后装饰大量的水果，外观十分华丽。

水果酥盒

Vol-au-vent

材料（直径18cm的成品1个）

千层派皮面团（➡P.94） ················ 基本分量

增添光泽用的蛋液 　蛋 ················ 1个
Q4 　砂糖 ················ 1g
　盐 ················ 1g

杰诺瓦士蛋糕面糊（➡P.60）
（直径15cm、厚1cm的蛋糕片） ········ 1片
外交官奶油（➡P.165） ················ 150g
各种水果 ················ 适量

镜面果胶（增添光泽） ················ 适量
薄荷叶 ················ 适量

1 擀薄面团

将千层派皮面团切成一半，分别擀成边长25cm大小的正方形，然后放入冷藏室静置30分钟~1小时。以刷子将一片面皮整个涂上薄薄的一层水，然后错开45°叠上另一片面皮。放上直径18cm的水果酥盒模具，以小刀切下面皮，去除多余的部分。 Q1 Q2 Q3

2 划出刀痕，烘烤

利用小刀的刀背在面皮的边缘斜斜地划出刀痕。在边缘划出刀痕的作业，称为"刻装饰花纹"。刻完装饰花纹之后，面皮就会平均地膨起来。

※一只手拿着小刀子划出刀痕，另一只手从内侧稍微压着面皮作为支撑，一点点地转动面皮，刻出一整圈刀纹。

混合增添光泽用的蛋液材料，涂抹在面皮的表面。 Q4

Q1 错开45°放置2片面皮的理由是什么？

A 擀过的面皮，因面筋的作用会产生收缩的力量。假设面皮不错开位置放置，因为重叠的上下层面皮在烘烤时会往同样的方向收缩，烘烤完成时会歪斜变形。将面皮稍微错开，让烘烤时收缩的力量平均分布。

Q2 如果没有水果酥盒的模具该怎么办？

A 可以用圆形圈模或圆盘代替。

Q3 塑形时切除的多余的面皮该怎么处理比较好？

A 切下来的面皮不要揉圆，以重叠的方式集中在一起，用擀面杖稍微擀一下后冷藏或冷冻。这个便是一般常说的第二次面团。揉圆或是放置在常温中，如果小心处理，虽然品质不如第一次面团，但是面团仍会膨胀，可以使用。

Q4 增添光泽用的蛋液是什么？

A 为了让烤好的成品呈现出光泽，所以涂抹在面皮上。增添光泽用的蛋液中所含的砂糖可以让面皮烤上色。加入盐的目的则是要切断蛋白的黏性，让蛋液变得流畅好涂。

放上直径15cm的水果酥盒模具，只在2片重叠的面皮的上层部分划出刀痕。**Q5**

Q5 **只在上层的面皮划出刀痕时的诀窍是什么？**

A 手拿小刀时握短一点，只将刀尖斜斜地切入面皮中。

拿开模具，以小刀在表面（上面的那一片面皮）划出纹路图案，然后以200℃的烤箱烘烤（烘烤时间合计约60分钟）。过程中，待表面烤上色，大约烤熟七成左右（时间在40~45分钟），将刀子切入直径15cm的刀痕部分，切下上面的面皮。**Q6**

Q6 **不擅长描绘图案怎么办？**

A 尽可能使用小刀。为了让刀痕稳定，没有持刀的手最好以指尖贴着刀背。将小刀斜斜地切入，将刀痕切入至上层面皮的一半厚度。

将切下来的圆形面皮放置在旁边，继续烘烤至充分烤熟。将盒子和盖子（切下来直径15cm的部分）连同烤盘放在网架上冷却。

水果酥盒的完成

❶先铺进一片杰诺瓦士蛋糕，再将外交官奶油填入装有直径13mm圆形挤花嘴的挤花袋中，挤出后，以水果漂亮地装饰。

❷涂上镜面果胶，以薄荷叶装饰，再添上盖子。

千层派皮面团的活用范例2

使用第二次面团

塑形时所切下的多余的面团，称为第二次面团，虽然膨胀度较差，但仍可以作为面团使用。荷式坚果挞是以千层派皮面团包住杏仁奶油霜（榛果杏仁奶油霜），表面涂上马卡龙内馅烘烤而成的甜点。因为并不那么在意层次的膨胀度，所以可以使用第二次面团制作。法文原名中hollandaise，意为"荷兰风味"，因为表面的花纹呈风车状，所以取了这个名称。

荷式坚果挞
Tarte hollandaise

材料（直径18cm的成品1个）

千层派皮面团的第二次面团（➡P.94） ··· 180g
榛果杏仁奶油霜（➡P.167） ················ 190g
马卡龙内馅（➡P.170） ····················· 65g
糖粉 ····································· 适量

1 塑形

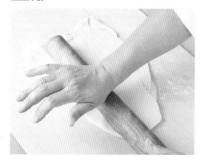

将千层派皮面团的多余面团（第二次面团）聚合在一起，以擀面杖擀平。**Q1**

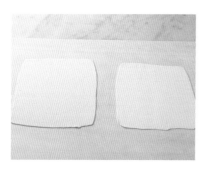

切成一半之后，分别擀成边长22cm的正方形（厚度约1.5mm），放入冷藏室静置30分钟~1小时。**Q2**

以直径18cm和15cm的压模按压在底部的面皮上，压出圆形的痕迹。将榛果杏仁奶油霜填入装有直径13mm圆形挤花嘴的挤花袋后，挤在内侧的圆形中，然后以抹刀涂开成半球状，用刷子在周围的面皮上涂上薄薄的一层水。

Q1 处理第二次面团时的要点和用途是什么？

A 所谓第二次面团，是指塑形时所切除的多余的面团。千层派皮面团的第二次面团，累积到某个程度的分量之后，聚合在一起。这个时候，面团不要揉圆，以重叠的方式聚集起来，再用擀面杖稍微擀平。揉圆的话，会很容易失去特别做出来的层次。聚集起来的面团，可以放在冷藏室保存2~3天，也可以冷冻保存。用途方面，即使膨胀度不太好，也可以用来制作甜点。例如像这里介绍的挞或叶子派等。

Q2 为什么要静置？

A 静置是为了防止烤好的时候派皮回缩。

将另一片千层派皮面团错开45°重叠上去，避免包入空气。盖上直径18cm的压膜，以小刀切开，去除多余的面皮。

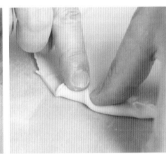

将2片面皮相叠部分（没有奶油霜的部分）的面皮，以刷子涂上水之后，从边缘折进来。放入冷藏室静置大约1小时。

2 涂抹马卡龙内馅，撒上糖粉

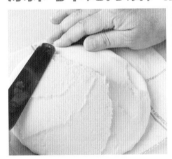

为了避免折叠起来的面皮打开，将1翻过来，使用抹刀在表面涂上马卡龙内馅。撒上大量的糖粉，再以抹刀划出纹路，六等分。

3 烘烤

用小刀插入表面的3个地方（戳洞），然后以190℃的烤箱烘烤约50分钟。

※戳洞排出空气，烤好时就不会膨胀过度，可以烤出漂亮的形状。

Q3

Q3 为什么虽然戳了洞，但是仍烤不出漂亮的形状？

A 即使戳了洞，在烘烤的过程中还是只有一边膨胀起来，或是正中央隆起的话，可以用小刀从侧面插入，排出空气后调整形状。

Pâte feuilletée inversée

反转千层派皮面团

这道甜点法文名称中的"inversée"有"反转"的意思。顾名思义，这是以黄油（与面粉混合的黄油）将包覆面团包起来的手法。优点有因为表面是黄油，所以面团不容易干，还有一开始折成3折做了3次，缩短制作时间之后作业的效率很高，以及面粉混入黄油中吸收了黄油的水分，完成的面团很稳定，口感变好。这里要使用这种面团来制作庆祝1月6日主显节的"国王派"糕点。

国王派
Galette des Rois

材料（基本分量，直径21cm的国王派模具1个）

〈反转千层派皮面团〉

包覆面团

高筋面粉	………	110g	
低筋面粉		120g	
盐	………	5g	共计
水		150g	670g

黄油 ……………… 225g

低筋面粉 ………… 60g

高筋面粉（手粉）…… 适量

杏仁奶油霜（➡P.167）

………………… 250g

增添光泽用的蛋液

蛋	………………	1个
盐	………………	1g
细砂糖	……………	1g

糖粉 ……………… 适量

预先准备

· 将高筋面粉和低筋面粉（120g）混合之后，放入冷藏室冷藏备用。

· 将盐、水放入盆中，等盐溶化后，放入冷藏室冷藏备用。

※预先将材料冷却，面粉就不易产生面筋。

· 将黄油放入冷藏室冷藏备用。

1 制作包覆面团

将事先冷藏备用的粉类放入盆中，再加入冷藏的盐水，用手混拌至变成一团。从盆中取出，放在作业台上，搓揉之后拢整成团，装入塑料袋里，再放入冷藏室静置至少1小时。这个面团称为包覆面团。**Q1**

Q1 可以不用像千层派皮面团的包覆面团一样划出刀痕吗？

A 因为这个包覆面团很柔软，所以不用划出"十"字形刀痕，就这样直接静置也可以。

2 将黄油擀薄

将冰冷的黄油放在作业台上，以擀面杖敲打黄油。首先由中央往外敲打，往左右两边延展。翻面后，以同样的方式再做一次。让黄油的硬度变成以手指按压时，指尖感觉得到阻力，同时可以使黄油凹陷的程度。

将低筋面粉（60g）加入黄油中，让面粉融合到黄油中。不时在作业台上搓磨之后，以刮板聚集在一起，一边让黄油和面粉融合，一边揉成团。趁黄油还没熔化时迅速进行作业。

3 以黄油包住包覆面团

以擀面杖将2擀薄,一边转动,一边整成边长15cm的正方形,然后放入冷藏室冷藏,直到黄油凝固变硬。将黄油从冷藏室取出,放置在作业台上,一边撒上手粉一边擀成15cm×45cm。

※为了避免黄油变得太硬,请勿冷藏太久。

将1的包覆面团放在已撒上手粉的作业台上,擀成15cm×30cm,然后放在3的黄油上面。过程中,如果黄油开始熔化,就放入冷藏室内冷藏。将远离身体那一侧的黄油部分折起来,靠近身体这一侧也折过去,折成3折(第1次)。

※因为反转千层派皮面团是表面为黄油的面团,所以作业要迅速地进行。
※折叠的次数还不多的时候,如果长时间放入冷藏室内,因为黄油层还很厚,所以黄油冷藏之后会变硬,不易擀薄,所以最长只能冷藏1小时。

要点 *Point*

将面团拿起来,旋转90°改变方向。**Q2**

Q2 想要将面团擀得很好,需要特别注意什么?

A 折成3折的次数少于4次时,不可以长时间放在冷藏室内静置。反转千层派皮面团的包覆面团很柔软,折成3折时,黄油的部分会变成表面。在折叠次数不多的状态下,表面的黄油很硬,中间则是柔软的状态。因此,长时间放入冷藏室内,内层和外层面团的硬度差异变大,无法将面团擀得很好。

4 折成3折,重复进行5次

将擀面杖上下滚动,把长度擀成宽度的3倍,然后折成3折(第2次)。

旋转90°，以同样的方式擀薄，折成3折（第3次）。在面团的边缘按出3个指痕后包入塑料袋中，放入冷藏室静置1小时。以同样的方式进行2次折成3折的作业（第4、5次），放入冷藏室内静置，然后再次折成3折（第6次）。

5 塑形

将面团切成一半，分别擀成边长22cm的正方形，放入冷藏室内静置。将直径20cm和17cm的压模按压在当成底部的面皮上，压出圆形的痕迹。将杏仁奶油霜挤在内侧的圆形中，以抹刀涂开。用刷子在周围的面皮上涂上薄薄的一层水。

错开45°叠上另一片派皮。盖上直径21cm的压膜后，以小刀切开，去除多余的面皮。一只手拿着小刀划出刀痕，另一只手则从内侧支撑着面皮，一点一点地转动面皮，斜斜地划出一圈刀痕。放入冷藏室内静置大约1小时。

※在边缘划出刀痕的作业，称为"刻装饰花纹"。刻完装饰花纹后，面皮就会均匀地膨起来。

6 涂抹增添光泽用的蛋液，烘烤

将5翻过来后放在烤盘上，表面涂抹增添光泽用的蛋液。以小刀在表面划入纹路图案，再以小刀的刀尖在3~4个地方戳洞，然后以200℃的烤箱烘烤。烘烤40~45分钟之后，在表面撒上糖粉，再烘烤至糖粉熔化变成焦糖状为止。

酥脆挞皮面团

Pâte brisée

面粉 ＋ 奶油 ＋ 蛋黄 ＋ 盐 ＋ 水

这是一种搓揉式派皮面团，因为没有加入甜味，所以除了甜点之外，是常使用于料理中挞和派的包覆等、作为基座的面团。法文名称中的"brisée"有"碎掉"的意思，如同它的名称一样，可以做出酥脆易碎、入口即化的挞皮。因此，为了避免产生太多面筋（➡P.124 **02**），将材料冷却之后迅速地进行作业，不要搓揉，以折叠的方式制作很重要，又称为"饼底脆皮面团（Pâte à foncer）"。

材料（基本分量）

〈酥脆挞皮面团〉

低筋面粉	125g	
黄油	62g	共计
盐	1g	228g
冷水	30g	
蛋黄	10g	

高筋面粉（手粉）……… 适量

※铺在挞模中的挞皮，直径15cm的
取150g，直径18cm的取200g。

器具

盆、刮板（2片）、塑料袋、擀面杖、刷子、派皮滚轮针、挞模（直径18cm）、烘焙纸、重石、烤盘、烤箱

预先准备

· 将低筋面粉放入盆中，再放入冷藏室冷藏备用。

· 将黄油放入冷藏室冷藏备用。

※将材料冷藏之后，在作业时黄油就不容易熔化。

· 将软化的黄油（分量外）涂在挞模的内侧。 **Q7**

1 将低筋面粉和黄油混合

将事先冷藏过的低筋面粉铺散在作业台上，放上冰凉的黄油，一边将切开的黄油切面里裹满面粉，一边以刮板（2片）将黄油切碎成细小的颗粒。先将黄油切成薄片，再切成条状。然后从一边开始切成骰子状，让黄油变成相同的大小，作业也要迅速进行。

※将黄油沾裹面粉可以使黄油不会粘黏。

将黄油切成红豆般大小。此时，因为面粉和黄油还没有融为一体，所以面粉会沾在手上。

以双手手掌搓揉面粉和黄油，搓成干松的沙状。手掌不要压得太过用力，轻轻合起即可。为了尽量避免手的热度传到黄油上，最好只搓揉面粉。这个作业称为"沙状搓揉法（sablage）"。

※刚开始面粉会沾在手上，但是搓揉时会变得很干爽，面粉就不容易沾在手上了。

2 加入水、蛋黄、盐

将1的中央整理出空间，扩大为圆圈状（呈火山口状）。将冷水、蛋黄、盐放入中央的凹陷处，以指尖搅拌。**Q1**

Q1 也可以用蛋白代替蛋黄制作吗？

A 可以。不过，挞皮的颜色会呈浅黄色，享用时感受到的浓醇风味还是不及蛋黄。此外，蛋黄的水分约占50%的分量，所以更换成蛋白的话，水分的分量最好变为使用蛋黄时的一半。

将凹陷处周围的面粉一点一点地打散加入，使其吸收水分。以刮板集中面团之后，用手掌轻轻压碎。重复这个动作，渐渐聚拢成团。

Q2 为什么要避免产生更多的面筋？

A 因为低筋面粉的蛋白质和水结合后所形成的面筋，烘烤之后会变硬。将低筋面粉和黄油搓揉的时候，低筋面粉会黏附在黄油（油脂）的周围，在上面加入水分，低筋面粉会紧紧相粘，形成将面团连结在一起的状态。而且，黄油就在面团之中维持原有的状态，使完成之后的面团变为层状，成为酥脆易碎的挞皮。以这个方法制作的时候，因为水分和低筋面粉直接结合，为了避免产生太多的面筋，以不搓揉过度的方式制作很重要。

聚拢至某个程度之后，以刮板切成一半，将其中一块面团叠在另一块面团的上面，再用手掌轻轻压碎。为了避免产生更多的面筋，不要搓揉，重复切再重叠的动作，聚拢成团。
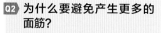

※粘在手上的面团，每次都要刮下来混进面团里。

Q3 有没有简易的制作方法？

A 使用食物调理机就很简便。将材料中的低筋面粉和切成小块的黄油放入食物调理机中，搅打成干干松松的状态。这是用手进行的1的状态。其后，加入事先混匀的水、蛋黄和盐继续搅拌，就会变成一整团。

聚拢至某个程度之后，利用刮板从远离身体的一侧一边压切，一边混合。**Q3**

3 将面团揉成一团后放入冷藏室静置

轻轻揉和，将面团聚拢成团，揉圆。**Q4**

※此时，如果决定了塑形时的形状为圆形或长方形，就做出那个形状然后静置。这样再将面团擀薄时比较省事，可以做出酥脆挞皮面团酥脆易碎的口感。

装入塑料袋中，放入冷藏室静置1小时以上。静置面团可以减弱面筋的力量，让面团变得容易擀开。**Q5**

※放在金属制的长方形浅盘上，再放入冷藏室。

4 擀薄面团

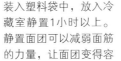

刚从冷藏室取出的冰冷面团，如果立刻擀开的话会裂开，所以要将手粉撒在作业台上，用擀面杖敲打面团，让面团的软硬度变得一致后，再一点一点地转动面团，同时擀比模具大两圈的圆形（厚度略小于2.5mm）。**Q6**

清除多余的手粉，然后以派皮滚轮针由中心往外侧戳洞。

※如果没有派皮滚轮针，也可以使用叉子。使用叉子比较费时，所以先将面皮铺进模具中再以叉子戳洞。

Q4 到此为止，有没有其他的做法？

A 将回复至温室的黄油放入盆中，然后将水、蛋黄、盐混合而成的蛋汁一点一点地加入，同时以打蛋器搅拌。将低筋面粉加入其中，以刮板边切边聚拢成团。如果使用的是这个方法，面团的质地会很均匀，内层的质地也会变得很细致。因为面团的质地一致，会享受不到酥脆的口感。

Q5 为什么将面团放入冷藏室静置？

A 其一，为了可以轻轻地处理变得柔软的面团。其二，搓揉式面团的面粉比例高，与水分拌匀的话可以形成面筋。面筋加热之后就成为围紧面团的骨架，如果面筋过多，烤好时口感变硬。因为酥脆挞皮面团以易碎口感为其优点，所以为了减弱面筋的黏性和弹性，静置时间需要1小时左右。

Q6 为什么以擀面杖敲打面团不会裂开？

A 黄油在室温下放置一段时间可以改变形状，具有"可塑性"（➡P.10），以擀面杖敲打可以制造出这种状态。

5 铺进模具里

将模具放在作业台上，再以擀面杖卷起面皮，从靠近身体一侧往前擀，一边让面皮松弛一边放在模具上。

※放入模具时，左右要先对准中心，靠近身体一侧不要留下太多的部分。如果靠近身体一侧留下太多面皮，另一侧的面皮则会变得不够，此时必须用手移动，有时会导致失败。

首先，将超出模具的面皮压入模具中。接着，沿着模具的侧面，将面皮毫无空隙地铺进模具的边角。最后以指腹按压底部的边角和侧面，让它们紧密黏合在一起。

从模具的上面滚动擀面杖，依照上下→左右的顺序滚动，切除多余的面皮。

Q7 为什么模具内侧要涂上黄油？

A 将模具涂上黄油并不是为了让烤好的挞皮容易脱模，而是为了将面皮铺进模具里的时候，面皮比较容易贴在模具上。如果是加入砂糖的甜挞皮面团（➡P.134），因为面皮会粘在模具上，所以不需要涂黄油，但是酥脆挞皮面团的面皮容易收缩，而且黏性也差，很难粘在模具上，所以需要使用黄油。

用手指捏住侧面的面皮使其稍微立起，将切除多余面皮的切面以擀面杖整平。让面皮紧贴模具，放入冷藏室至少静置30分钟。

※因为烘烤的时候面皮会有点收缩，所以将面皮放入模具中给予支撑，即使只能稍微缓和收缩的状况，也要将面皮稍微立起来。

6 盲烤

将烘焙纸铺在静置过的
面皮中。**Q8**

Q8 该如何准备烘焙纸呢？

A 首先，将正方形的烘焙纸折成十字折
（这个时候是正方形）。再将烘焙纸
斜折成一半，然后再斜折成一半。在
比模具半径多3~4cm的地方，用剪刀
剪掉（图左），做成三角形。最后，
从三角形较短的底边部分剪入2道
2~3cm长的切口（图右）就完成了。
这个切口在烘焙纸铺进模具里的时候
会成为侧面的部分。

铺进重石，以180℃的
烤箱烘烤约25分钟，
将面皮烤至稍微上色。
取出重石时，如果底部
的面皮没有充分烤熟，
要继续烘烤至变干。
Q9

※烘烤过程中将重石取
出，有时面皮会膨胀起
来，请留意。

Q9 为什么要使用重石？还可
以使用什么作为盲烤用的
重石呢？

A 使用重石是为了防止面皮膨
胀。可以在甜点材料店买
到的金属制重石有两大优
点：可以重复使用，加上金
属制重石本身具有热度，也
可以由面皮内侧进行烘烤。
不过，缺点是价格较高，而
且重量很重。即使没有专用
的重石，也可以用黄豆或红
豆代替。如果很久没有使用
的话，油脂会氧化而发出臭
味，要多加注意。

将重石连同烘焙纸一起
取出。再放入烤箱，
以180℃再烤10~15分
钟，直到全体烤上色。
烘烤完成之后，放网架
上连同烤盘一起冷却。

苹果挞

酥脆的挞皮、苹果的酸味和杏仁奶油霜湿润的味道融合为一，这是一款经典的甜挞。这款苹果挞即使没有盲烤也可以完成，但是以家庭用的烤箱烘烤，底部的面皮不容易烤熟，所以将面皮需要盲烤的食谱介绍给大家。**Q1**

Tarte aux pommes

材料（直径18cm的挞模1个）

酥脆挞皮面团（➡P.122）……………… 基本分量
杏仁奶油霜（➡P.167）………………… 250g
苹果 **Q2** …………………………………… 2个
熔化的黄油 ………………………………… 30g
细砂糖 ……………………………………… 20g

预先准备
将软化的黄油（分量外）涂抹在挞模的内侧。

做法

1 酥脆挞皮面团依照P.125、P.126的*4*、*5*以相同方式制作，铺进直径18cm的挞模里。放入冷藏室静置大约1小时，铺上烘焙纸之后铺入重石，以180℃的烤箱盲烤约25分钟（a）。**Q1**

※因为之后还要再放入烤箱烘烤，所以如图所示，面皮要烤成没有上色的状态（全体都烤干了，面皮没有未烤熟部分的状态）。

a

2 苹果去皮之后，从蒂头的部分挖除果核，纵切一半，以去核刀等去除残留果核。将切面朝下放在砧板上，切成薄片。

※苹果横向切成薄片比较容易。切的时候，以拉切法切成相同的厚度。
※切好的苹果片为了便于排列，不要弄得太凌乱。

3 将杏仁奶油霜填入装有直径11mm圆形挤花嘴的挤花袋中，挤入*1*的里面，再将苹果每片稍微错开一点位置排列上去。

4 将熔化的黄油涂在苹果上，再撒上细砂糖。

5 以210℃的烤箱烘烤大约45分钟。**Q3**

Q1 什么时候需要运用盲烤？

A 当填入挞皮里的材料是液体或新鲜水果等水分多又柔软的东西时，因为挞皮不容易烤熟，所以需要盲烤。此外，如果使用卡什达酱（➡P.164）和柠檬挞的内馅（➡P.171）等已经煮熟的材料，同样也需要盲烤。

Q2 最好使用什么样的苹果？

A 一般是使用红玉等带有酸味的苹果，但是更重要的是使用当季的苹果。如果吃了苹果后觉得酸味不足，可以酌量减少撒在上面的砂糖。

Q3 为什么以210℃的高温烘烤？

A 以低温烘烤，苹果会释放出水分，导致挞皮和奶油霜会不容易烤熟。最好以高温烘烤至苹果片边缘呈现出焦色！

樱桃挞

这是一款在盲烤过的酥脆挞皮中放入大量的樱桃，味道清爽的甜挞。
做成松粒状的饼干面团称为"奶酥（streusel）"，能为甜点带来口
感的变化。除了放在像这里的甜挞或黄油面糊上之外，单独烘烤后为
冷藏糕点增添风味也很棒。

Tarte aux cerises

材料（直径18cm的挞模1个）
酥脆挞皮面团（➡P.122）………基本分量

〈奶酥〉
黄油 ……………………………… 25g
细砂糖 …………………………… 25g
盐 ……………………………… 0.5g
香草荚 ………………………… 1/4根
杏仁粉 …………………………… 25g

低筋面粉 ………………………… 25g
内馅（➡P.170） ……………… 140g
配料（➡P.172） ………………… 适量
糖粉 ……………………………… 适量

预先准备
将软化的黄油（分量外）涂抹在挞模的内侧。

做法

1 酥脆挞皮面团按照P.125、P.126的4、5以相同方式制作，铺进直径18cm的挞模里。放入冷藏室静置大约1小时，铺上烘焙纸之后铺入重石，以180℃的烤箱盲烤大约25分钟。

2 制作奶酥。香草荚纵向切开，以刀尖刮下香草籽，放入盆中与细砂糖混合。接着与盐一起加入已软化成乳霜状的黄油中，以打蛋器搅拌（a）。

3 加入杏仁粉和低筋面粉，以橡皮刮刀搅拌至变得干松之后，用手捏握成一团（b）。

4 使用粗孔的滤筛滤过之后，呈松粒状（c）。放入冷藏室冷藏凝固，然后以双手搓揉，消除棱角揉圆（d）。

※如果不使用滤筛的话，也可以将面团放在手中，以双手搓揉成松粒状。如果黄油熔化，面团变得粘手，要将面团放入冷藏室稍微冷藏一下，让它变硬凝固。消除棱角揉圆的作业就不需要了。

5 取少量内馅，在1中的挞模中摊平，再将以网筛沥干汁液的配料排列在上面。倒入内馅把配料盖住，然后将4的奶酥撒在表面。

6 以180℃的烤箱烘烤大约40分钟。完成时撒上糖粉。

a

b

c

d

原味蛋挞

法文中的"nature"意为自然。在折叠式面团中倒入内馅（数种材料混合而成）之后，只经烘烤即完成的质朴甜点。

Flan nature

材料（底面直径16cm、上面直径18cm的圆形蛋糕模具1个）

酥脆挞皮面团（➡P.122）·················· 基本分量

内馅（➡P.170）·························· 730g

预先准备

将软化的黄油（分量外）涂抹在圆形蛋糕模具的内侧。

做法

1 酥脆挞皮面团依照P.125、P.126的**4**、**5**以相同方式制作，铺进直径18cm的圆形蛋糕模具里。放入冷藏室静置大约1小时，铺上烘焙纸之后铺入重石，以180℃的烤箱盲烤大约35分钟。

2 将刚煮好的、热腾腾的内馅倒入挞皮中（a）。 **Q**

a

3 以橡皮刮刀抹平表面（b）。

b

4 以200℃的烤箱烘烤大约50分钟（c）。

c

Q 为什么要倒入热腾腾的内馅？

A 由于奶油酱冷却之后就会凝固，因此要在刚煮好具有流动性时倒入。

甜挞皮面团

Pâte sucrée

黄油 ＋ 砂糖 ＋ 蛋 ＋ 面粉 ＋ 杏仁粉

甜挞皮面团和酥脆挞皮面团一样，都属于一种揉搓式派皮面团。因为在配方中增加了砂糖，所以呈现出香醇诱人的烤色。此外，因为黄油和砂糖的作用使得面筋不易产生黏性和弹性（➡P.135 01），所以可以做出易碎的口感，经常用来制作甜挞或小型挞。这里将介绍加入杏仁粉的浓郁配方。

材料（基本分量）
〈甜挞皮面团〉

黄油	……………………	110g
糖粉	……………………	70g
杏仁粉 Q2	……………………	60g
蛋	……………………	50g
低筋面粉	……………………	170g

共计 460g

器具
烤盘、烘焙纸、盆、橡皮刮刀、刮板、塑料袋、擀面杖、挞模（直径18cm）、烤箱、冷却网架

预先准备
将烘焙纸铺在烤盘上。

1 将糖粉、杏仁粉加入黄油中搅拌

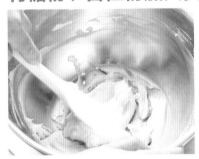

将黄油放入盆中，以橡皮刮刀拌成乳霜状。

加入糖粉，用橡皮刮刀以切拌的方式混拌。Q1

※为了不拌入多余的空气，以橡皮刮刀混拌。

加入杏仁粉，融合之后以橡皮刮刀的刀面混拌均匀。Q2

※加入蛋之前先拌入杏仁粉，蛋液就比较容易拌匀。

Q1 为什么加入黄油和砂糖，面筋就不易产生黏性和弹性？

A 因为黄油具有"酥脆性"和"可塑性"（➡P.10）。在13~18℃的温度带，黄油会在面团中分布成薄薄的层状，阻断面筋的形成。另一方面，砂糖也会渗入面筋之间，阻断面筋。虽然面筋具有烤制完成后会变硬的性质，但是借由这个油脂和砂糖的特性能切断面筋的连结。换句话说，就是借着减弱面筋的黏性和弹性，做出酥脆易碎的挞皮。

Q2 加入杏仁粉的理由是什么？

A 加入杏仁粉，口感会变得易碎，还添加了芬芳的坚果香气，风味变得更好。

2 加入蛋搅拌

加入一半打散的蛋液搅拌均匀。

 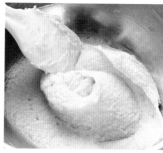

将蛋和黄油充分拌匀之后，加入剩余的蛋液继续搅拌，与黄油融合。

3 加入低筋面粉搅拌

加入低筋面粉，从盆的底部舀起来搅拌。

以切拌的方式混拌至面粉融合在一起。 **Q3**

Q3 最好充分搅拌至看不见面粉为止吗？

A 此时还残留着面粉也没关系，因为在接下来的过程中要改用刮板充分地搅拌。

136

改用刮板，在盆的边缘以研磨的方式搅拌。搅拌均匀之后，聚集成一团。完成的面团略带黏性。**Q4**

Q4 为什么要在盆的边缘以研磨的方式搅拌？

A 在盆的边缘以研磨的方式搅拌是为了搅拌均匀。因为研磨搅拌的时候需要用力，所以此处改用刮板。

4 装入塑料袋中静置

装入塑料袋中，滚动擀面杖将面团擀平。

※为了均匀地冷却，擀成相同的厚度。

放入冷藏室静置1小时以上。**Q5 Q6**

※放在铝制或不锈钢制的长方形浅盘上比较容易冷却。

Q5 为什么要放入冷藏室静置？

A 冷藏可以使变软的面团更方便进行作业。此外，也可以减弱其黏性和弹性。

Q6 面团静置时的形状有任何规定吗？

A 虽然不论什么形状都可以，但是依照要制作的甜点或是要铺进去的模具形状，先做成适当的大小或形状，可以使作业进行得更顺利。此外，先将多余的面团等冷冻起来，可以保存久一点，需要的时候再使用。将冷冻的情况也计量进去，先做成适合的形状（圆形或四方形等），可以只拿出要使用的分量冷冻，很有效率。要解冻时，请在前一天就先移至冷藏室备用。

5 铺进模具里，烘烤

依照P.125、P.126的4、5以相同的方式制作，铺进模具里，以180℃的烤箱烘烤约25分钟。连同烤盘一起放在网架上冷却。

红酒蓝莓小挞

以红酒煮蓝莓，然后使用果实和煮汁制作，烘烤而成的甜点。飘散出
肉桂香气的红酒煮蓝莓融入黄油酱里，合为一体。这里要介绍的是以
小型模具烘烤的做法。

Tartelette aux myrtilles au vin

材料（上缘8.5cm×4.5cm的费南雪模具16个）
甜挞皮面团（➡P.134）················ 基本分量

〈杏仁卡仕达酱〉
杏仁奶油霜（➡P.167）··············· 250g
卡仕达酱（➡P.164）··················· 60g

红酒煮蓝莓（➡P.172）··············· 适量
红酒煮蓝莓的煮汁 ··················· 100g
镜面果胶（增添光泽）················· 250g

做法

1 将甜挞皮面团擀成厚2mm的长方形之后戳洞，再切成比模具大一圈的7cm×12cm大小（a）。

a

2 将面皮放在模具上，将超出模具的面皮压入模具中。接着沿着模具的侧面，将面皮毫无空隙地铺进模具的边角（b）。

b

3 用小刀的刀背切下多余的面皮（c）。放入冷藏室静置30分钟左右。

4 将杏仁奶油霜和卡仕达酱混合之后做成杏仁卡仕达酱（crème frangipane），填入装有直径9mm圆形挤花嘴的挤花袋中。

c

5 将红酒煮蓝莓以网筛过滤，分成果实和煮汁，果实充分沥干汁液后放入*3*之中。

6 挤出*4*（d），以抹刀抹平表面（e），然后以180℃的烤箱烘烤大约25分钟。

d

7 烘烤完成之后，翻面倒扣在热烤盘上，放置10~15分钟直到冷却。

※翻面倒扣放置可以使表面平整。

8 将镜面果胶和红酒煮蓝莓的煮汁放入锅中，以小火加热至镜面果胶熔化。以刷子涂在*7*的表面增添光泽。

e

柠檬挞

柠檬挞是酸酸的柠檬奶油酱和甜味的蛋白霜（意大利蛋白霜）组合而成的甜点，搭配芳香的甜挞皮，味道非常均衡。这里要介绍的是将盲烤的甜挞皮和另外制作好的内馅组合在一起的手法。

Tarte au citron

材料（直径18cm的挞模1个）
甜挞皮面团（➡P.134）………… 制作基本分量，使用1/2量
内馅（➡P.171）…………………………………… 380g
意大利蛋白霜（➡P.173）Q …………………… 170g
糖粉 ………………………………………………… 适量
磨碎的柠檬皮 ……………………………………… 适量

做法

1 将甜挞皮面团擀成厚2mm的圆形之后戳洞，再依照
P.125~127的*4~6*以相同的方式制作，然后盲烤。

2 将内馅填入甜挞皮中，以抹刀抹平表面。

3 将意大利蛋白霜填入装有直径13mm圆形挤花嘴的
挤花袋中，挤在*2*的上面，再撒上糖粉。

4 以220℃的烤箱烘烤3~4分钟，烤至意大利蛋白霜微
微呈现焦色。

5 撒上磨碎的柠檬皮。

Q 意大利蛋白霜是什么？

A 在稍微打发的蛋白中加入温
热的糖浆，然后继续打发而
成的蛋白霜。它质地细致，
并具有光泽和黏性。因为是
坚实的蛋白霜，所以可以涂
在蛋糕表面，或是填入挤花
袋中挤出形状，作为完成时
的装饰之用。此外，还可以
加在奶油霜或慕斯中，使口
感更轻盈。

油酥挞皮面团

Pâte sablée

面粉 ＋ 黄油 ＋ 砂糖 ＋ 蛋

"油酥挞皮"是依照P.122的酥脆挞皮以相同的做法制作，并加入砂糖的揉搓式派皮面团，因为砂糖、蛋、黄油的比例偏多，以仿佛在口中碎裂四散的易碎感为特征。此外，因为是以将油脂和面粉撮合成干松状态的"沙状搓揉法"制作，所以也会产生酥脆的口感，与同为甜面团的甜挞皮面团有截然不同的口感。

材料（基本分量）

〈油酥挞皮面团〉

低筋面粉	…………	120g
黄油	…………	60g
蛋	…………	25g
细砂糖	…………	60g
香草荚	…………	1/4根

共计 265g

高筋面粉（手粉）……… 适量

器具

盆、刮板、塑料袋、擀面杖、刷子、派皮滚轮针、烤盘、烤箱

预先准备

· 将低筋面粉放入盆中，再放入冷藏室冷藏备用。

· 将黄油放入冷藏室冷藏备用。

· 将香草荚纵向划出一道刀痕剖开后，以刀尖刮下香草籽，连同豆荚与细砂糖一起混合备用。

1 将低筋面粉和黄油混合

将事先冷藏过的低筋面粉铺散在作业台上，放上冰凉的黄油，一边将切开的黄油切面裹满面粉，一边以刮板（2片为佳）将黄油切成红豆般大小。先将黄油切成薄片，再切成条状。然后从一边开始切成骰子状，让黄油变成相同的大小，作业也要迅速进行。

※将黄油沾裹面粉可以使黄油不会相粘。

以双手的手掌揉搓面粉和黄油，搓成干松的沙状。手掌不要压得太过用力，轻轻合上即可。为了尽量避免手的热度传到黄油上，揉搓时最好只搓动面粉。这个作业称之为"沙状搓揉法"。

2 加入其他的材料混拌

将1铺开，并在中央整理出空间，再将已混入香草籽的细砂糖（去除香草荚）、蛋加入中央，以指尖搅拌。

以刮板将周围的面粉往中央集中，用手掌轻轻按压，让面粉吸收水分。待面粉的水混合后，从上方按压面团，使面粉和水融合。

利用刮板将面团切成一半，将其中一块面团叠在另一块面团的上面，再用手掌轻轻压碎。重复切开再重叠的动作，不要搓揉，将面团聚拢成团。**Q1**

Q1 有没有简易的制作面团的方法？

A 使用食物调理机能迅速、轻松地完成。方法是将低筋面粉、已混入香草籽的细砂糖、切成小块的黄油放入食物调理机中（a）搅打。搅打至黄油分散在面粉之中，呈现干干松松的状态（b）。加入打散的蛋液，继续搅拌至变成一整团（c），面团就完成了（d）。

a

b

c

d

以面粉为主体的基本面团 / 面糊 4 ＊ 油酥挞皮面团

3 将面团放在冷藏室里静置

装入塑料袋中擀平，然后放入冷藏室静置至少1小时。**Q2**

※此时，如果决定了要擀成圆形或是正方形，就擀成特定形状再放入冷藏室，接下来的作业就会进行得很顺畅。

Q2 揉搓式面团有其他的做法吗？

A 这里介绍的是将面粉和黄油混合的"沙状揉搓法"。此外，还有曾在甜挞皮面团（➡P.134）单元中介绍过的，让黄油软化之后拌入材料的"乳霜状搅拌法（crémer）"。虽然口感等会出现差异，但是从操作（擀薄、铺进模具）来看没什么不同，所以不论使用哪一种方法都无所谓。

4 擀薄面团

刚从冷藏室取出的冰冷面团，如果立刻擀开会裂开，所以要用擀面杖敲打面团，让面团的软硬度一致。将手粉撒在作业台上，每次将面团旋转90°，擀成相同的厚度。**Q3**

※每次将面团转动90°是为了擀成正方形，移动面团的时候也要防止面团粘在作业台上。

5 戳洞之后烘烤

使用刷子清除多余的手粉，然后以派皮滚轮针由中心开始上下对称地滚动，在面皮上戳洞。以擀面杖卷起面皮，铺进烤盘中。

※在派皮滚轮针滚动时，面皮会被拉往滚动的方向而造成收缩，因为只朝着一个方向滚动，面皮会歪斜变形，所以要平均地戳洞。

不放重石，以180℃的烤箱烘烤大约25分钟。

※因为油酥挞皮面团不太会膨胀，所以不用放重石。

Q3 将面团以圆形的形状静置后，想要擀成正方形怎么办？

A 如果想擀成正方形，最好在放入冷藏室时就调整成正方形，不过即使是圆形，也可以擀成正方形。首先，在圆形面团的上方和下方各留少许空间，将中央的部分擀薄。转90°改变方向后，同样擀薄中央，面团的4个角落因为没有擀到，所以会变厚。在这个厚的部分推测出正方形的4个顶点，并在这4个地方由内往外滚动擀面杖，制作出棱角。做好棱角之后，接下来每次旋转90°，同时擀薄，就可以擀成正方形了。

145

焦糖杏仁酥饼

将杏仁糖铺在油酥挞皮面团上烘烤而成，是很受欢迎的小点心。这里的做法是在牛轧糖中加入糖渍橙皮和磨碎的柳橙皮，增添风味。

Sablé florentin

材料（27cm×27cm的成品1个）
油酥挞皮面团（➡P.142）…………… 基本分量的2倍量（400g）
内馅（➡P.171）………………………………………… 420g

做法

1 将油酥挞皮面团擀成30cm×30cm的大小，戳洞之后铺在烤盘中。

※将面团擀成比烤盘的底面稍微大一点，侧面做成立起来的样子，内馅就不会粘在烤盘的侧面。此外，内馅也不会流出到底面或侧面，出现在烘烤的过程中烤焦的情况。

a

2 以180℃的烤箱烘烤大约20分钟，将全体稍微烤上色。

3 将内馅倒入*2*之中，以抹刀均匀地摊平（a）。

4 以180℃的烤箱烘烤大约20分钟（b）。烘烤完成之后，放置一下让表面稍微变硬。

b

5 将铲子或刮板插入油酥挞皮的四边，分开粘住烤盘的部分。盖上烘焙纸之后，放上板子，然后翻面，脱离烤盘。

6 让油酥挞皮一面朝上，切除一边之后，切成8cm的宽度（c）。

※完全冷却之后内馅会变硬，很难切开，所以要在微温时切开。
※使用波浪蛋糕刀，以前后移动的方式切开。

c

7 分别切成8cm×2.5cm的大小（d）。

※改用西式厨刀，压着切下。

d

柳橙薄挞

不使用模具，用手将油酥挞皮面团塑形后烘烤而成的柳橙薄挞。为外
形和味道质朴的挞式甜点。在基座的面团侧面，将搓成条状的面团圈
起来，在里面涂上柳橙果酱和内馅之后，烘烤完成。

Galette d'orange

材料（直径16cm的成品1个）

油酥挞皮面团（→P.142）… 制作基本分量，使用190g	
柳橙果酱	25g
糖渍橙皮	25g
内馅（→P.171）	160g
糖粉	适量
糖渍橙皮（装饰用）	适量
高筋面粉（手粉）	适量

做法

1 将油酥挞皮面团分成100g和90g。将100g的面团撒上手粉，一点一点地转动，擀成比直径17cm稍大的圆形。清除多余的手粉，以派皮滚轮针由中心往外侧戳洞。

2 放上直径17cm的压模，以小刀切下面皮，去除多余的部分（a）。

3 将90g的面团搓成50cm长的条状（b）。**Q1**
※条状面团的长度最好是直径17cm的面团的直径的3倍长。

4 以刷子将水涂在*2*的底部面团的边缘，放上*3*的条状面团粘在一起。在叠上条状面团的地方，斜斜地划出刀痕，使其接合起来。

5 为了让底部面团和条状面团合为一体，用手指将条状面团捏高后（c），捏起侧面的面团，做出如图所示的花边（d）。
※用拇指和食指捏住面皮，另一只手的手指也轻轻扶住面皮的内侧，以免面皮倒下来。

6 将糖渍橙皮（25g）切成粉末，然后与柳橙果酱混合，在底部面团的上面涂抹开来。

7 倒入内馅，为了让中央稍高一点，以抹刀抹成弧度平缓的半球状，分2次撒上糖粉。第1次撒在全体上面，待糖粉溶化，看不见糖粉之后再撒第2次，在还有糖粉残留的状态下，将装饰用的糖渍橙皮切成菱形和小圆形，放上面。以180℃的烤箱烘烤大约30分钟。**Q2**

a

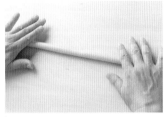
b

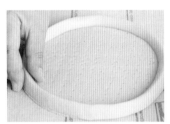
c

d

Q1 搓动面团时有什么诀窍？

A 在搓动面团时，手掌不要垂直向着面团，而是稍微斜斜地向着内侧，这样就不容易留下指痕，可以搓出漂亮的面团。

Q2 为什么要撒2次糖粉？

A 在表面制造出砂糖的膜，这层膜就会覆盖着面皮，让多余的水分无法蒸发，面皮才会漂亮地膨胀起来。此外，还可以保持形状，外观也会变得好看。而且，表面的膜会让挞皮产生酥脆的口感。

泡芙皮面糊

水 ＋ 黄油 ＋ 盐 ＋ 面粉 ＋ 蛋

Pâte à choux

　　"泡芙皮面糊"是唯一需要在作业流程中加热的面糊，将面粉的淀粉所产生的糊化作用发挥到极致。烘烤具有黏性的面糊时，面糊会在烤箱中像气球一样膨胀，中间变成空洞。想要保持这样的形状烘烤完成时，必须掌握重点进行操作。因为泡芙皮几乎没有甜味，所以不仅可以填入奶油酱，有时候也会用来制作料理。

材料（基本分量，直径4.5cm的成品12个）

〈泡芙皮面糊〉
水	50g
牛奶	50g
黄油	45g
盐	1g
细砂糖	5g
低筋面粉	60g
蛋	105g

共计 316g

增添光泽用的蛋液
蛋	1个
砂糖	1g
盐	1g

预先准备

在烤盘上薄薄地涂抹一层熔化的黄油，再以直径4.5cm的压模蘸取低筋面粉（分量外）按压在烤盘上，压出1~2个参考用的印痕。

※以手指蘸取黄油，呈点状涂在烤盘上大约4个地方，最能将黄油推薄。如果涂得太厚，烤好时泡芙皮的底部会浮起来。

※虽然可以色拉油等液体油脂代替，但是因为液体油脂不会凝固，挤出来的面糊可能会滑动。

※压出1~2个参考用的印痕，其后则比照之前挤出的面糊大小，将面糊挤在烤盘上即可。

器具　烤盘、压模、锅子、刮刀、盆、挤花袋、圆形挤花嘴（直径11mm）、刷子、叉子、烤箱、冷却网架

1 将除了蛋之外的泡芙皮材料以火加热

将水、牛奶、黄油、盐、细砂糖放入锅中，以稍小的中火加热。

Q1

※将黄油回复至室温，或是将刚从冷藏室取出的冰冷黄油切成小块再使用，这样就很容易熔化。

Q1 不可以开小火加热吗？

A 开小火加热，黄油熔化需要较长时间，这段时间水分蒸发，配方的比例就会产生差异，所以要使用中火加热。此外，如果黄油以冰冷的块状直接加热的话，黄油会在熔化之前就沸腾，造成水分全部散失。

黄油熔化之后，改为中火，煮至完全沸腾。锅子的边缘沸腾之后不要关火，要煮至中央部分也冒泡沸腾为止。Q2

※确认的方法：沸腾之后以橡皮刮刀搅拌，如果中央部分立刻沸腾，说明已经完全沸腾了。

Q2 为什么一定要完全沸腾才可以？

A 面粉的淀粉颗粒会均匀地吸收水分，膨胀之后变成糊状，这称为糊化作用（→P.8）。想让面糊的淀粉产生糊化作用，必须将水的温度提高至某个程度（如果是面粉的淀粉需要加热至87℃以上）。因此，加热至完全沸腾很重要。

关火，一口气加入低筋面粉，以刮刀充分搅拌混合。

面粉融合之后，以用力摔在锅边缘的方式进行搅拌。继续搅拌会释出黏性，变成像马铃薯泥一样。

失败 *NG*

如果在*1*时没有煮到完全沸腾，低筋面粉就不会糊化。因此，即使加入低筋面粉也只是吸收水分，还是呈现稀薄不黏稠的状态，无法变成期待的状态，但只要再度开火加热，就可以借由糊化作用而聚集成一团。

变成一团之后，再度开火，以中火加热，研磨搅拌锅底。让面糊充分加热。在这里为了面粉中的淀粉完全糊化，将面糊充分煮熟是很重要的。**Q3**

※用大火加热，黄油会熔化，请留意火候的大小。

Q3 面糊充分加热之后会呈现什么状态？

A 请充分加热至面糊在锅底形成薄膜的程度。

2 加入打散的蛋液

将*1*倒入盆中，趁面糊还温热时，将打散的蛋液分成4~5次加入。**Q4**

※要使用回复至室温的蛋。蛋如果是冰冷的，面糊会因变冷而紧缩。这么一来，蛋要加入超过规定的分量，成品就会变得不一样。

※面糊温热时的延展性佳，与蛋液也能轻易融合。

Q4 如何确认加入的蛋液量？

A 这里的蛋量不是以个数，而是以克数表示，如果以个数来准备蛋的话，当面糊变软至某种程度后，请一边观察面糊的状态一边调整加入的蛋液量。因加了很多蛋液而变成好像会流动的面糊时，除了P.153**Q5**的方法之外，没有其他方法可以修复。

刚开始用刮刀以切拌的方式搅拌。蛋液融合之后，用刮刀的刀面以研磨的方式搅拌，再把蛋液加进去。充分搅拌均匀，让面糊和蛋融合。重复这个步骤，加入全部的蛋液搅拌。

要点 *Point*

确认面糊的状态。以刮刀舀起时，面糊缓慢而顺畅地落下，下垂成三角形。外观则是呈现滑润有光泽的状态。

※也可用手指插入盆中切开面糊，以观察面糊回复的状态来进行确认。如果切开的面糊缓慢地回复，就表示处于恰到好处的状态。

失败 *NG 1*

如果面糊很硬，使用刮刀舀起时，面糊不会缓慢而顺畅地落下，而是呈断开状一块一块地滴落。而且呈三角形掉落的面糊边缘为锯齿状，并非滑润的状态。要一点一点地加入蛋液，使面糊回复柔软。

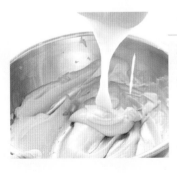

失败 *NG 2*

如果面糊很软，以刮刀舀起时，面糊会不停地往下流。**Q5**

Q5 有没有方法可以让变得很软的面糊回复原状？

A 再做一次面糊，然后将已经变软的面糊加进去，除此之外，没有其他回复的方法。因此，加入蛋液的时候，要一边观察软硬度一边加入，这点很重要。

3 挤在烤盘上，烘烤

填入装有直径11mm圆形挤花嘴的挤花袋中，依照烤盘上的参考印痕挤出一样的大小。将挤花嘴悬在距离烤盘大约15mm的地方挤出面糊，尽量挤出高度一致的圆形面糊。

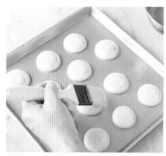 

混合增添光泽用的蛋液材料，以刷子涂在面糊的表面，然后用叉子轻轻压出格子状的纹路。以200℃的烤箱烘烤大约25分钟，烤至表面出现裂纹，膨胀得很大且表面呈现焦色。

※用叉子按压可以让形状整齐匀称，高度一致。

打开烤箱门，将烤盘的前后位置对换。将温度调降为180℃，再烤10~15分钟。将裂纹的部分也烤上色，用手指拿起侧面时感觉很硬，拿着的时候很轻盈，就表示烘烤完成了。
`Q6` `Q7`

`Q6` 为什么会膨胀呢？

`A` 因为面糊中所含的水分在烤制的过程中变热，形成水蒸气，把面糊往上顶起来。而且面糊必须具有黏性，像塑胶气球一样延展，形成一层膜。为了做出这样的面糊，必须使面粉中的淀粉充分地糊化。如同`Q2`中所提及的，要产生糊化作用需要很高的温度，加入面粉搅拌之后还要开火，将面糊充分加热。

直接放在有热度的烤盘上冷却。

※直接放在有热度的烤盘上冷却，可以让泡芙皮的水分蒸发掉。

`Q7` 打开烤箱门的时候，要注意什么呢？

`A` 在烘烤的过程中打开烤箱，冷空气进入之后，已经受热膨胀的泡芙皮会塌掉。在不打开烤箱门的情况下探看烤箱内部，以完全膨胀起来和已经烤上色来判断吧！时间大约是25分钟。

烤好的泡芙皮的比较

面糊充分烘烤完成后，烘烤状态的变化。

❶在烤箱中，首先面糊的表面受热，产生了一层膜。

❷热力传导至中央，面糊中的水分变成水蒸气，将面糊往上顶，像气球一样膨胀起来。在这个状态下，泡芙皮中的水分也很多，无法维持膨胀起来的形状。

> 此时不要打开烤箱。因为冷空气进入烤箱后，泡芙皮会塌掉，膨胀时所需的烤箱内的水蒸气也散出去了，膨胀的程度会变得很差。

❸水分从泡芙皮蒸发后变干燥，充分地烘烤可以使泡芙维持膨胀的形状。

失败 NG

烘烤15分钟时从烤箱取出的泡芙皮。因为泡芙皮的骨架尚未完成，所以一从烤箱取出就塌掉了。

成功 OK

全体都烤上色，也可以维持住膨胀程度的状态。烘烤时间最好合计为30~35分钟。

各种烘烤时间烤出的泡芙皮比较

| 15分钟 | 20分钟 | 25分钟 | 30分钟 | 35分钟 | 40分钟 |

烤超过25分钟，泡芙皮的骨架就完成了，所以膨胀的状况很稳定。
烘烤时间不到25分钟的泡芙皮，一从烤箱中取出就会塌掉，膨胀得不高。
30~35分钟为泡芙皮最佳烘烤时间。

奶油泡芙

可品尝充分烘烤的泡芙皮和大量挤入的奶油酱的甜点。填入其中的奶油酱，有的只有卡仕达酱，有的会和淡奶油一起挤入等，有各种不同的口味。杏仁碎的口感可以使整体味道更加丰富。

Choux à la crème

材料（直径5cm的成品10个）

泡芙皮面糊（➡P.150）·················基本分量

增添光泽用的蛋液 | 蛋·················· 1个
| 细砂糖·············· 1g
| 盐··················· 1g

杏仁碎·································适量
卡什达酱（➡P.164）··············600g
糖粉·································适量

做法

1 依照P.151~154的*1*~*3*以同样的方法制作，将面糊挤在烤盘上，混合增添光泽用的蛋液材料，以刷子涂在面糊的表面，然后用叉子轻轻压出格子状的纹路。在烤盘的另一侧撒进杏仁碎（a）。

a

2 像在摇动平底锅一样摇动烤盘（b），让杏仁碎黏附在泡芙皮面糊上（c）。

3 稍微立起烤盘，让多余的杏仁碎掉落。以与P.154同样的方式烘烤。

b

4 烤好的泡芙皮冷却之后，以星形挤花嘴或筷子在泡芙皮的底部钻洞，然后插入圆形挤花嘴（直径11mm），挤入卡什达酱，最后再撒上糖粉。 **Q2**

c

Q1 面糊做太多，烤不完怎么办？

A 面糊可以冷冻起来。略有间隔地挤在烘焙纸上，涂上增添光泽用的蛋液后，直接冷冻起来。冷冻之后，从烘焙纸一次取下一个，改装入封闭容器或是密封袋中冷冻保存。等到要烘烤的时候，直接放在涂了薄薄一层熔化的黄油的烤盘上，然后烘烤。此时应加长烘烤的时间。

Q2 填入奶油酱的不同方法有哪些？

A 奶油酱的填入方法，除了像这里一样将挤花嘴插入泡芙底部填入外，还可以在表面划出刀痕后，从这道缝隙填入奶油酱，或是从上方的1/3处切开，将奶油酱大量挤在基座上再放上顶盖。如果是后面2种方法，因为从外观就看得见奶油酱，所以看起来会更华丽。

闪电泡芙

法文"Éclair"是闪电的意思。将泡芙皮面糊挤成细长条状后烘烤，有的会夹入奶油酱，有的会从上方淋上巧克力或草莓等糖衣。挤出粗细一致的面糊时，为了更容易出现均匀的裂痕，以与长边相同的方向划入纹路后再烘烤。

Éclair

材料（长12cm的成品10个）

泡芙皮面糊（➡P.150）… 基本分量

增添光泽用的蛋液

蛋	1个
细砂糖	1g
盐	1g

〈巧克力卡仕达酱〉

卡仕达酱（➡P.164） ……… 400g

可可块 ……………… 120g

〈巧克力糖衣〉

翻糖（糖衣） ……………… 300g

糖浆（水：细砂糖＝1：1）… 55g

可可块 ……………… 50g

预先准备

将奶油薄薄地涂抹在烤盘上，铺上2张宽12cm、长27cm（烤盘一边的长度）的纸，撒上高筋面粉，然后将纸拿开。

※把纸拿开之后，原先铺着纸的地方没有沾到面粉。这会成为挤出闪电泡芙的面糊时长度的参考线。

做法

1 将泡芙皮面糊填入装有直径10mm星形挤花嘴（14齿）的挤花袋中，在烤盘上挤出比挤花嘴稍粗一点、长12cm的面糊（a）。**Q1**

2 混合增添光泽用的蛋液材料，以刷子涂在面糊的表面（b），然后以200℃的烤箱烘烤大约35分钟（c）。

3 制作巧克力卡仕达酱。将可可块隔水加热熔化后，加入卡仕达酱里搅拌。填入装有直径9mm圆形挤花嘴的挤花袋中。

4 烤好的泡芙皮冷却后，用直径6mm的星形挤花嘴（8齿）在泡芙皮底部的2个地方钻洞。将巧克力卡仕达酱挤入洞中。

※因为巧克力卡仕达酱有点硬，只从1个地方挤入，泡芙皮会撑破，应从距离两边2~3cm的2个地方挤入。

※像锯子一样使用星形挤花嘴，稍微扭动挤花嘴就能轻易地钻洞。

5 制作巧克力糖衣。将糖浆（将同量的水和细砂糖以微波炉加热约30秒使细砂糖溶化，待冷却即可）加入翻糖中溶匀之后，加热至体温温度。将可可块隔水加热熔化后加入其中混合。因为加入可可块会变硬，所以要再次加入糖浆调整硬度。

※翻糖的浓度，以橡皮刮刀舀起时以缎带状垂落为佳，以此状态为标准，减增糖浆的量。

6 将5涂在4的表面。

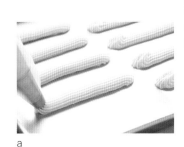

a

b

c

Q1 如果没有星形挤花嘴怎么办？

A 可以使用圆形挤花嘴挤出面糊。此时，涂上增添光泽用的蛋液之后，以叉子纵向划出纹路。

泡芙皮面糊的应用

泡芙皮面糊+卡仕达酱

在法文中为"新桥"之意的这款甜点，是将泡芙皮面糊和卡仕达酱混合在一起，再放上呈"十"字形的带状面皮烘烤而成。如果只使用卡仕达酱，即使经过烘烤也几乎不会膨胀，但是拌入泡芙皮面糊，填料就会膨胀起来。可以品尝到松软饱满的分量以及微甜的温和口感。

新桥挞

Pont-neuf

材料（直径6cm的小型挞模10个）
千层派皮面团（➡P.94）··· 制作基本分量，使用1/2量
泡芙皮面糊（➡P.150）··························· 150g
卡仕达酱（➡P.164）····························· 100g
糖粉 ·· 适量
覆盆子果酱 ··· 适量

预先准备
将软化的黄油（分量外）涂抹在小型挞模的内侧。

1 将千层派皮面皮铺进模具里

将千层派皮面团用擀面杖擀成宽25cm、长40cm、厚1.5mm的面皮。戳洞之后以直径7cm的压模压出圆形面皮，再将面皮盖住模具，往中央按压，避免空气进入，然后沿着模具铺进去。

以小刀的刀背切除多余的面皮。将剩余的面皮切成宽5mm的带状面皮。**Q1**

※切除多余的面皮时，为了避免损坏刀刃，要使用小刀的刀背。

Q1 如何顺利地制作出宽5mm的带状面皮？

A 首先，将手粉（高筋面粉）撒在擀成宽8~10cm、长约12cm、厚1.5mm的千层派皮面皮上，将面皮纵向对折一半。接着，不要将面皮的边缘切开，以宽5mm的间隔一刀一刀切入刀痕。不要完全切断，要使用的时候，将折成一半的面皮摊开，切除两边之后使用。在切开之前面皮都连结成一体，细带状的面皮不会缠绕在一起，作业就会很顺利。

2 将泡芙皮面糊拌入卡仕达酱里

将卡仕达酱放入盆之后，以橡皮刮刀拌软，加入泡芙皮面糊混拌。

$\mathcal{3}$ 挤出面糊，烘烤

将2填入事先装有直径9mm圆形挤花嘴的挤花袋中，挤入1的模具里，再将1的带状面皮粘在表面上。

以200℃的烤箱烘烤大约25分钟。

要点 *Point*

高度膨胀至2cm左右就表示烘烤完成了。切面呈层层相叠、中间空洞的状态。

新桥挞的完成

将表面分割成4块，在呈对角的面上放上纸，撒上糖粉，然后在原本以纸遮住的面上涂抹覆盆子果酱。

面团/面糊以外的搭配材料的做法

这里将为大家介绍使用于本书中的甜点，除了面团/面糊之外，
奶油酱、内馅和配料（填装在里面的面糊或食材）的做法。

奶油酱

在制作甜点时经常使用到的基本奶油酱，以及应用
基本奶油酱制作的其他奶油酱的做法。

香缇鲜奶油

将砂糖加入淡奶油中打发而成。除了可以直接用来涂抹蛋糕和挤
花，也常常与其他奶油酱混合使用。

材料（基本分量）
淡奶油（乳脂肪成分依甜点种类而异）……150g
糖粉 …………………………………… 12g

做法

1 将淡奶油和糖粉放入盆中，一边隔着冰水冰镇，一边以打蛋器
打八分发。**Q**

Q 打发起泡的标准是什么？

A 香缇鲜奶油会因使用的方式而改变打发的硬度。
舀起来的时候会呈细长状滴落的程度是六分发。
打发至打蛋器可以舀起淡奶油的硬度，且转动打
蛋器时舀起的淡奶油都不会掉下来的程度是八分
发。充分打发后变成紧密结实的状态是十分发。
十分发是常用来与卡仕达酱等混合的硬度。

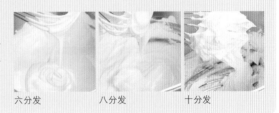

六分发　　八分发　　十分发

[应用]

焦糖香缇鲜奶油

将焦糖加入香缇鲜奶油中搅拌而成。

材料（完成的分量约340g）
〈香缇鲜奶油〉
淡奶油（乳脂肪含量42%）…… 150g
细砂糖 …………………………5g
〈焦糖基底〉（使用190g）
淡奶油（乳脂肪含量47%） 100g
牛奶 ………………………… 50g
细砂糖 ………………………… 100g

> 使用这款奶油酱的是
> 焦糖香缇鲜奶油蛋白霜脆饼
> （P.24）

做法

1 制作焦糖基底。将淡奶油和牛奶倒入锅中加热。

2 将细砂糖放入另一个锅中加热至变成深褐色，制作
味苦的焦糖。加入*1*之后停止焦糖化，移入容器中
并盖上保鲜膜。放凉之后，放入冷藏室冷藏。

3 将香缇鲜奶油打至六分发，加入*2*之后打发至可以
挤出来的硬度。

卡仕达酱

法文Crème pâtissière有"甜点师傅的奶油酱"之意，英文为custard cream。利用蛋的热凝固性（➡P.6）和面粉的糊化作用（➡P.8）所制作而成，是制作甜点时的基本奶油酱。

使用这款奶油酱的是……

红酒蓝莓小挞（P.138）
奶油泡芙（P.156）
闪电泡芙（P.158）
新桥挞（P.160）

材料（完成的分量约350g）

牛奶	250g
香草荚 **Q1**	1/2根
蛋黄	3个
细砂糖	70g
低筋面粉	25g
黄油	15g

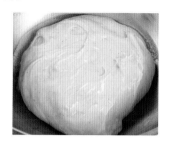

做法

1 将香草荚纵向剖开，再利用刀尖刮下香草籽（a）。将牛奶、香草荚和香草籽放入锅中，以中火加热至快要沸腾为止。

2 将蛋黄和细砂糖放入盆中，以打蛋器研磨搅拌，再加入低筋面粉搅拌（b）。

3 取一部分的*1*加入*2*的盆中拌匀，再加入剩余的*1*调匀（c），然后边以滤筛过滤边倒回锅中。

4 再次以中火加热，以打蛋器仔细搅拌，加热至沸腾后能顺畅地流动为止（d）。关火之后立刻加入黄油搅拌。**Q2**

5 将*4*倒入干净的长方形浅盘中，盖上保鲜膜紧贴着表面**Q3**。然后放在装有冰水的另一个长方形浅盘中，隔着冰水快速降温，让热气完全消散后，放入冷藏室。

a

b

c

d

Q1 香草荚是什么？

A 香草是兰科的藤本植物，在细长的荚状果实呈未成熟的绿色时就摘下来，加热之后使其发酵。切开之后，果荚里有许多黑色的籽，闻起来有独特的香气。

Q2 加热到什么程度就要移离炉火？

A 液体一旦沸腾，就会释放出黏性。在那之后继续充分搅拌，加热至如图片所示可以顺畅流动的程度。

Q3 盖上保鲜膜紧贴着表面，要具体如何操作？

A 将保鲜膜紧密地贴附着卡仕达酱的表面。卡仕达酱的热气消散之后，如图所示，可以毫不粘黏地脱离长方形浅盘，用橡皮刮刀等剥离后使用。

[应用]
外交官奶油

以卡仕达酱和打发的淡奶油（香缇鲜奶油）混合而成的奶油酱。

使用这款奶油酱的是……

全麦面包（P.50）
水果酥盒（P.112）
千层派（P.104）

材料（完成的分量约550g）
卡仕达酱（➡P.164）················ 350g
淡奶油（乳脂肪含量47%）·········· 200g

做法

1 将淡奶油放入盆中，一边隔着冰水冰镇，一边以打蛋器打发至变得紧实（十分发）。

2 将1加入卡仕达酱中混拌。

奶油霜

将黄油、砂糖和蛋黄混合搅拌后做成乳霜状的奶油霜。除此之外，还有使用蛋白做的、使用蛋黄和牛奶做的等，有好几种奶油霜。

使用这款奶油酱的是……
马卡龙（P.26）
达夸兹（P.40）

材料（完成的分量约200g）

蛋黄 ················· 40g
细砂糖 ················· 60g
水 ················· 20g
黄油 ················· 150g

做法

1 将细砂糖和水放入锅中以中火加热，煮干水分至变成115℃。

2 将蛋黄放入盆中打散之后，将*1*趁热一点一点地加进去搅拌混合（a）。

3 以手持式电动搅拌器打发至余热消散，变得滑润而黏稠（b）。这个称为炸弹面糊（Pâté à bombe）。**Q1**

a

4 黄油以打蛋器搅打成乳霜状，分成2~3次加入*3*之中搅拌。待一开始加入的黄油搅拌均匀之后，再加入剩余的黄油搅拌。

b

Q1 炸弹面糊是什么？

A 将蛋黄打散后倒入热糖浆打发而成的蛋黄酱，称为炸弹面糊。使用于想要做出浓厚味道的时候等，或是用来当作奶油霜的基底。

[应用]
咖啡风味奶油霜

将咖啡与奶油霜混合搅拌而成的奶油霜。

使用这款奶油酱的是……
歌剧院蛋糕（P.53）

材料（完成的分量约80g）

奶油霜 ················· 80g
咖啡液（将即溶咖啡以同量的滚水溶匀而成）················· 4g

做法

将咖啡液加入奶油霜之中搅拌均匀。

杏仁奶油霜

法文为crème d'amandes，将黄油、砂糖、蛋、杏仁粉以大致相同的分量搅拌而成。经常用来制作挞类的甜点和常温糕点。

使用这款奶油酱的是⋯⋯
国王派（P.118）
苹果挞（P.128）
红酒蓝莓小挞（P.138）

材料（完成的分量约250g）

材料	分量
黄油	67g
糖粉	67g
杏仁粉	67g
蛋	50g

做法

1 黄油以打蛋器搅打成乳霜状，再加入糖粉和杏仁粉搅拌（a）。

2 将打散的蛋液分成3次加入，每次加入时都要充分搅拌匀（b）。

※装入保存容器里，放在冷藏室可以保存2~3天。

a

b

［应用］
榛果杏仁奶油霜

将榛果粉加入杏仁奶油霜之中做成的奶油霜。

使用这款奶油酱的是⋯⋯
荷式坚果挞（P.115）

材料（完成的分量约190g）

材料	分量
杏仁粉	25g
榛果粉	25g
黄油	50g
糖粉	50g
蛋	40g

做法

1 预先将杏仁粉和榛果粉混合备用。

2 黄油以打蛋器搅打成乳霜状，再加入糖粉和*1*搅拌。

3 将打散的蛋液分成3次加入，每次加入时都要充分搅拌均匀。

巧克力甘纳许

将温热的淡奶油加入巧克力之中混合搅拌而成。可以直接加入黄油或酒增添风味，当作生巧克力食用，或是当成奶油酱作为蛋糕的夹馅。

使用这款奶油酱的是……
歌剧院蛋糕（P.53）

材料（容易制作的分量）
调温巧克力 **Q1**（甜味）………… 100g
淡奶油（乳脂肪含量38%）……… 100g

做法

1 调温巧克力如果块太大，应切碎之后放入盆中备用。

2 将淡奶油倒入锅中，以中火加热，煮滚之后加入1之中，静置30秒~1分钟，以余温溶解巧克力（a、b）。

a

3 用橡皮刮刀由中心以画圆的方式搅拌（c、d）。
※慢慢搅拌，避免拌入空气。**Q2**

4 待巧克力熔化，搅拌均匀之后，倒入长方形浅盘中，盖上保鲜膜紧贴着表面。**Q3**
※如果巧克力不容易熔化，可以用隔水加热的方式熔化。

b

Q1 调温巧克力是什么？

A 调温巧克力是可可脂含量很多的巧克力。指的是熔化之后流动性高的巧克力，原本是为了用来淋覆在巧克力糖的上面所制作的，现在有时候会拌入奶油酱或面糊之中。调温巧克力基本上有3种类型，调温黑巧克力（甜巧克力、黑巧克力）、调温牛奶巧克力（牛奶巧克力）、调温白巧克力（白巧克力）。调温黑巧克力的可可含量高，有强烈的苦味。

Q2 为什么搅拌时要避免拌入空气？

A 因为想让巧克力的油分和淡奶油的水分乳化的缘故。如果拌入空气，就不能顺利进行乳化。而且，滑顺感会消失，口感也会变差。

c

Q3 盖上保鲜膜的方法是什么？

A 将保鲜膜毫无空隙地贴附在已经完成的奶油酱表面。如果想让奶油酱冷却之后，在表面形成一层膜的话，就要这么做。而且，将保鲜膜覆盖在温热的奶油酱上也会有水滴滴落，所以直接将保鲜膜贴在表面。

d

[应用]
巧克力甘纳许（加入转化糖）

将转化糖加入巧克力甘纳许之中，做出黏糊的口感。

材料（完成的分量约420g）
调温巧克力（甜味）·············· 200g
转化糖（Trimoline **Q** ）··········25g
淡奶油（乳脂肪含量38%）··· 200g

做法

1 调温巧克力如果块太大，应切碎之后放入盆中，再放入转化糖。

2 将淡奶油倒入锅中，以中火加热，煮滚之后加入*1*之中，静置大约1分钟，以余热熔解巧克力。

3 用橡皮刮刀由中心以画圆的方式搅拌。
※慢慢搅拌，避免拌入空气。

4 待巧克力熔化，搅拌均匀之后，倒入长方形浅盘中，盖上保鲜膜紧贴着表面。

使用这款奶油酱的是······
方块巧克力蛋糕（P.68）

Q **转化糖是什么？**

A 糖液在加热沸腾时，蔗糖会分解为葡萄糖和果糖，这两种产物合称为转化糖。具有防止甜点变干燥，或是让砂糖不易再结晶化的作用。比砂糖强烈的甜味也是它的特色。加入巧克力甘纳许之中，可以使口感变得更黏稠。

[应用]
咖啡风味巧克力甘纳许

带有咖啡风味的巧克力甘纳许。

材料（完成的分量约450g）
调温巧克力（牛奶）·············· 300g
淡奶油（乳脂肪含量38%）······ 150g
即溶咖啡···························· 5g

做法

1 调温巧克力如果块太大，应切碎之后放入盆中备用。

2 将淡奶油和即溶咖啡倒入锅中，以中火加热，煮滚之后加入*1*之中，静置大约1分钟，以余热熔解巧克力。

3 用橡皮刮刀由中心以画圆的方式搅拌。
※慢慢搅拌，避免拌入空气。

4 待巧克力熔化，搅拌均匀之后，倒入长方形浅盘中，盖上保鲜膜紧贴着表面。

使用这款奶油酱的是······
巧克力坚果蛋白霜脆饼（P.38）

内馅 混合了面粉、蛋和黄油等数种材料，具有流动性的蛋奶糊。
通常都是倒入派皮或挞皮中一起烘烤。

荷式坚果挞（P.115）的内馅

材料（完成的分量约65g）

〈马卡龙内馅〉

蛋白	15g
糖粉	25g
杏仁粉	25g

做法

将蛋白放入盆中，以打蛋器打散之后，加入糖粉和杏仁粉搅拌均匀。

樱桃挞（P.130）的内馅

材料（完成的分量约140g）

全蛋		25g
蛋黄		10g
细砂糖		25g
杏仁粉		34g
低筋面粉		7g
蛋白霜	蛋白	15g
	细砂糖	6g
黄油		23g

做法

1 将全蛋和蛋黄放入盆中，以打蛋器打散之后，加入细砂糖（25g）搅拌，然后加入杏仁粉、低筋面粉继续搅拌。

2 将蛋白放入另一个盆中，一边加入细砂糖（6g）一边打发，制作蛋白霜（➡P.20）。

3 将2的蛋白霜加入1之中搅拌，再加入熔化的黄油。

原味蛋挞（P.132）的内馅

材料（完成的分量约730g）

牛奶	300g
淡奶油（乳脂肪含量38%）	200g
香草荚	1根
蛋黄	100g
细砂糖	100g
玉米粉	50g

做法

1 将香草荚纵向切开，以刀尖刮下香草籽。

2 将牛奶、淡奶油、香草荚和香草籽放入锅中，以中火加热至快要沸腾。

3 将蛋黄和细砂糖放入盆中，以打蛋器研磨搅拌，再加入玉米粉混拌。

4 将2加入3的盆中调匀，一边以滤筛过滤，一边倒回锅中，再度开中火加热，以打蛋器搅拌，煮至沸腾。

柠檬挞（P.140）的内馅

材料（完成的分量约380g）

蛋	100g
细砂糖	100g
柠檬汁	90g
磨碎的柠檬皮	3个份
卡士达粉	10g
黄油	80g

Q 为什么要将加热后的蛋糊冷却之后再加入黄油搅拌?

A 因为将黄油加入高温的蛋糊中，黄油会熔化，难以进行乳化。

做法

1 将蛋、细砂糖、柠檬汁、磨碎的柠檬皮、卡士达粉放入盆中，以打蛋器搅拌。

2 将*1*隔水加热，一边搅拌一边加热至85℃。变热之后冷却至45~50℃，将黄油切成骰子状的小丁，一点一点地加进去，然后以打蛋器搅拌使黄油乳化。
※加热至85℃将蛋煮熟杀菌，再降温至45~50℃使黄油乳化。**Q**
※直接使用一整块黄油不易搅拌，所以要切成骰子状的小丁。

3 移入长方形浅盆中，盖上保鲜膜紧贴着表面，再放入冷藏室充分冷藏。

焦糖杏仁酥饼（P.146）的内馅

材料（完成的分量约420g）

淡奶油（乳脂肪含量47%）	70g
蜂蜜	35g
水饴	35g
细砂糖	105g
黄油	70g
磨碎的柳橙皮	1个份
杏仁片	100g
糖渍橙皮（切成碎末）	30g

做法

1 将淡奶油、蜂蜜、水饴、细砂糖、黄油、磨碎的柳橙皮放入锅中开中火加热，以橡皮刮刀搅拌，加热至120℃煮干水分。

2 将*1*煮干水分之后开火，加入杏仁片和糖渍橙皮搅拌。

柳橙薄挞（P.148）的内馅

材料（完成的分量约160g）

杏仁粉		40g
糖粉		40g
低筋面粉		10g
蛋白霜	蛋白	65g
	细砂糖	15g

做法

1 将杏仁粉、糖粉和低筋面粉放入盆中混合备用。

2 将蛋白放入另一个盆中，一边加入细砂糖一边打发，制作蛋白霜（●P.20），然后加入*1*，轻轻地大幅度翻拌，直到看不见粉类为止。

配料 法文garniture，主要是指法式料理的配菜。
在甜点制作方面，指的是填入面皮中的食材或面糊。

樱桃挞（P.130）的配料

材料

葛里欧特樱桃（樱桃的一种/冷冻）……150g
细砂糖 …………………………………… 37g
樱桃酒 …………………………………… 12g

做法

1 将未解冻的葛里欧特樱桃、细砂糖放入锅中，以中火加热，
稍微煮至沸腾（1~2分钟）。

2 加入樱桃酒，放凉之后放在冷藏室一个晚上。

红酒蓝莓小挞（P.138）的配料（红酒煮蓝莓）

材料

蓝莓（冰冻）**Q1 Q2** ………………… 250g
红酒 ……………………………………… 125g
细砂糖 …………………………………… 75g
肉桂粉 …………………………………… 3g

做法

1 将红酒、细砂糖、肉桂粉放入锅中，以中火加热。
※葡萄酒选用的是日常餐酒，颜色较漂亮，无特殊味道，使用方便。

2 稍微煮滚之后，加入未解冻的蓝莓。再次煮滚之后，转小火
煮数分钟。

3 移入容器里，盖上保鲜膜，放凉之后冷藏一个晚上，使之入
味。

Q1 使用其他的水果也能制作吗？

A 可以制作。如果不喜欢酒味，以糖浆熬煮也没关系。也可以用自己喜爱的香草风味糖浆来熬煮。

Q2 为什么使用冷冻水果？

A 有两个理由。首先，冷冻水果不受季节限制，一整年都可以买到。其次，水果经过冷冻之后更容易释出果汁，可以在葡萄酒糖浆中加入很多的果汁。直接浸渍在加入美味果汁的葡萄酒糖浆中，使水果也可吸收到那份美味。

本书中出现的甜点所使用的其他搭配材料

镜面巧克力

法文glaçage chocolat中的glaçge指的是镜面果胶或糖衣。这里要制作的是巧克力甘纳许基底的镜面巧克力。

使用这个搭配材料的是
方块巧克力蛋糕（P.68）

材料（完成的分量约570g）

牛奶	175g
水	50g
细砂糖	50g
巧克力镜面淋酱	150g
调温巧克力（甜味）	100g
可可块	50g

做法

1 将牛奶、水、细砂糖放入锅中，以中火加热至快要沸腾为止。

2 将巧克力镜面淋酱、调温巧克力、可可块放入盆中，以隔水加热的方式或是利用微波炉（600W）加热熔化。

※利用微波炉加热，要放入耐热盆中，以30秒为单位加热数次，再观察巧克力熔化的状态。如果残留一点巧克力块也没关系。

3 将*1*加入*2*之中搅拌，冷却至大约40℃。

※冷却的温度过低，可以隔水加热的方式慢慢提高温度，同时用橡皮刮刀搅拌，要避免拌入空气。

意大利蛋白霜

将水和细砂糖混合之后煮干水分，一边加入热糖浆一边打发蛋白霜。借由将蛋白加热，可以让气泡稳定，使用于想让形状漂亮保留等时候。

使用这个搭配材料的是
柠檬挞（P.140）

材料（完成的分量约170g）

蛋白		60g
细砂糖		10g
糖浆	水	35g
	细砂糖	110g

做法

1 将糖浆的水和细砂糖放入锅中，以中火加热至117℃煮干水分。**Q**

2 将蛋白和细砂糖（10g）放入盆中，打至六分发。一边一点一点地加入滚烫的*1*，一边打发。

※以从盆边缘淋入的方式加入糖浆。

3 打发至余热散去之后，就会变成质地细密、带有光泽、具有黏性和弹性的蛋白霜。

Q 除了使用温度计，还有其他知道温度的方法吗？

A 以汤匙舀取熬煮完毕的糖浆滴落在冷水中，如果能以手指将它搓成球状，大约是117℃。搓成圆形的糖球应该会像水饴一样呈柔软的状态。

173

用语解说

面团/面糊、甜点名称

内馅
appareil。混合了面粉、蛋和黄油等数种材料、具有流动性的蛋奶糊。通常都是倒入派皮或挞皮中一起烘烤。

咖啡糖浆/酒糖浆
imbibage。为了替烤好的蛋糕体增添风味或香气，或是防止干燥所涂抹的糖浆或利口酒。

蛋糕
gâteau。一般指的是甜点或蛋糕。

巧克力甘纳许
ganache。将淡奶油等与巧克力混合，制作出的柔滑的巧克力奶油酱。

配料
garniture。主要是指法式料理的配菜。在甜点制作方面，指的是填入面皮中的食材或面糊。

薄挞
galette。烤成扁平的圆形甜点的总称。

糖衣
glaçage。淋覆在甜点表面的糖衣或淋覆酱。多半使用翻糖或巧克力等制作。

覆面糖衣
glace à leau。

奶油霜
crème au beurre。

香缇鲜奶油
crème chantilly。加入砂糖打发的淡奶油。

杏仁奶油霜
crème d'amande。

外交官奶油
crème diplomate。以卡仕达酱和不加砂糖打发的淡奶油混拌而成。

卡仕达酱
crème pâtissière。

杏仁卡仕达酱
crème frangipane。将杏仁奶油霜和卡仕达酱混合而成。

奶酥
streusel。呈干松状的饼干面团。

炸弹糊
pâté à bombe。一边将热糖浆加入蛋黄之中一边打发而成。可以作为奶油酱等的基底。

面团/面糊
pâte。甜点、料理用的面团/面糊。

杏仁膏
pâte d'amande。以杏仁粉和砂糖揉拌而成。又称为marzipan。

果仁糖
praline。将加热过的砂糖加入烘烤过的坚果之中，焦糖化而成。

水果
fruit。

蛋白霜
meringue。

材料名称

糖渍橙皮
candied orange peel。以砂糖腌渍的柳橙皮。

可可块（可可膏）
cacao mass。又称为pâte de cacao，是将可可豆做成膏状或固状的东西。为巧克力的主要原料。

调温巧克力
couverture。以添加了可可脂、具有流动性的巧克力，制作出可可含量高、风味也更佳的巧克力。

柑曼怡香橙干邑甜酒
Grand Marnier。柳橙利口酒的一种。由干邑白兰地和柑橘调制而成。呈琥珀色，比起君度橙酒，柳橙的苦味和风味更为强烈。

葛里欧特樱桃
Griotte cherry。樱桃的一种，属于甜味少、具酸味的品种。以冷冻或罐装的形式出售。

君度橙酒
Cointreau。柳橙利口酒的一种。以柳橙的果肉和果皮为主要原料，呈无色透明状。

樱桃
cerise。

转化糖
成分为用蔗糖分解成的葡萄糖和果糖组成。比砂糖的甜味浓厚，容易烤出烤色，而且吸湿性高，用来制作常温糕点，可以烤出湿润的口感。

增添光泽用的蛋液
dorure。为了让甜点或面包呈现出光泽所涂抹的蛋液。

镜面果胶
nappage。使用于为甜点增添光泽，或是淋覆在水果上的透明果冻状材料。可以防止甜点或水果变干燥。

牛轧糖
nougat。将砂糖、水饴、黄油等煮干水分之后制作而成的一种柔软糖果。多半会与坚果等一起混拌之后使其冷却凝固。

巧克力镜面淋酱
pâte à glacer。不需要调节温度的淋覆用巧克力。

翻糖
fondant。将以砂糖和水加热后制成的糖浆煮干水分，再搅拌至呈白色再结晶状态所制作的糖衣。

草莓
fraise。

其他

沙状揉搓法
sablage。将冰冷的黄油和粉类搓揉混合成松散的碎粒状态。

甜的
sucrée。甜的、加入砂糖的意思。

拉紧气泡
serrer。将面糊的大气泡以压碎的方式搅拌，借以调整质地，让气泡变得紧密。

缎带
ruban。所谓呈缎带状，指的是将面糊舀起来的时候，面糊会呈带状缓缓地往下流，在盆中重叠在一起的状态。

监修者

École 辻东京（辻调集团）
1991年创校（校长·辻芳树），以其独创的教学课程和专业性教师团队闻名日本，是首屈一指的专业饮食教育机构。它以设计针对甜点店铺研修等更接近实践的学习课程为特色，至今已培养出众多的甜点师傅。

作者

山崎正也

辻调集团 École 辻东京
甜点制作主任教授

从辻调理师专业学校毕业后，于1978年进入该校任职，担任甜点制作专业教师。他分别于1983年和1984年在法国里昂的甜点店"贝纳颂（Bernachon）"和法国尼斯的"蔚蓝天空（Ciel d'Azur）"研修。自2010年起担任现职。在电影《布丁武士》《大家，再见》和电视节目《料理东西军》等媒体中出演。与他人合著《实用制果法文辞典》。

甜点制作工作人员

近藤敦志

École辻东京制果学校教授，主要教授面包的制作。1984年从辻调理师专门学校毕业后，进入该校任职，担任面包、甜点制作的工作。1987—1988年，在德国Café Kochs进修学习。自1991年起，在École辻东京制果学校任教。著有多部烘焙图书。
冈部由香
平良透
内田弘毅

日文版工作人员

摄影：柿崎真子
采访、文字整理：荒卷洋子
设计：釜内由纪江、五十岚奈央子
排版：M&K有限公司
校对：福本惠美
制作：童梦股份有限公司

OKASHI KIJIDUKURI NI KOMATTARA YOMUHON

Copyright © 2017 by Tsuji Culinary Research Co., Ltd.
All rights reserved.
First published in Japan in 2017 by IKEDA Publishing Co., Ltd.
This Simplified Chinese edition published by arrangement with PHP Institute, Inc., Tokyo
in care of The English Agency (Japan) Ltd. Tokyo through Eric Yang Agency.

© 2019，辽宁科学技术出版社
著作权合同登记号：第06-2017-277号。

图书在版编目（CIP）数据

哇！面团·面糊教科书 /（日）山崎正也著；王春梅译. —
沈阳：辽宁科学技术出版社，2019.3
ISBN 978-7-5591-1062-6

Ⅰ.①哇… Ⅱ.①山… ②王… Ⅲ.①烘焙—糕点加
工 Ⅳ.①TS213.2

中国版本图书馆CIP数据核字（2019）第022819号

出版发行：辽宁科学技术出版社
　　　　　（地址：沈阳市和平区十一纬路25号 邮编：110003）
印 刷 者：辽宁新华印务有限公司
经 销 者：各地新华书店
幅面尺寸：170mm×240mm
印　　张：11
字　　数：250千字
出版时间：2019年3月第1版
印刷时间：2019年3月第1次印刷
责任编辑：康　倩
封面设计：魔杰设计
版式设计：袁　舒
责任校对：徐　跃

书　　号：ISBN 978-7-5591-1062-6
定　　价：48.00元

投稿热线：024-23284367 987642119@qq.com   联系人：康倩
邮购热线：024-23284502